知道生活的人就是艺术家。

——朱光潜《谈美》

绚丽女人花

周心怡的美丽世界

周心怡　著/绘

商务印书馆国际有限公司

图书在版编目（CIP）数据

绚丽女人花：周心怡的美丽世界 /（美）周心怡 著．－北京：商务印书馆国际有限公司，2012.9

ISBN 978-7-80103-881-4

Ⅰ．①绚… Ⅱ．①周… Ⅲ．①成功心理－通俗读物

Ⅳ．① B848.4-49

中国版本图书馆 CIP 数据核字 (2012) 第 195503 号

绚丽女人花：周心怡的美丽世界

作　　者 （美）周心怡　著

绘　　画 （美）周心怡　绘

责任编辑 蔡红英

出版发行 商务印书馆国际有限公司

地　　址 北京市东城区史家胡同甲 24 号（100010）

电　　话 010 － 65592876（总编室）

010 － 65227580（编辑部）

010 － 65598498（市场营销部）

网　　址 www.cpi1993.com

经　　销 全国新华书店

印　　刷 北京佳信达欣艺术印刷有限公司

开　　本 710mm × 1000mm　1/16

字　　数 135 千字

图　　片 78 幅

印　　张 15

版　　次 2012 年 10 月第 1 版第 1 次印刷

书　　号 ISBN978-7-80103-881-4

定　　价 45.00 元

推荐序一

C'est La vie，这就是生活！

为心怡的新书写序，想来想去总围绕着一个字，那就是“美”，这让我也跟着知性起来，相信这也是心怡写这本书的目的吧！

心怡人美、心美、作品美，现在还藉由写书带我们品味美，世上就是有这么美好的事。但美这件事，不是每个人都能说得好、说得美：有些人谈得太过学术因而无趣，有些人又流于风花雪月。心怡的新书让人感动，我觉得是她能兼顾知性与感性层面，深入浅出将美学内化为生活的一部分。生活中看似平凡的事物经她谈起，都鲜活起来了。这让我想起，朱光潜先生在《谈美》这本书中，有一段话是这样说的：

持实用的态度看事物，它们都只是实际生活的工具或障碍物，都只能引起欲念或嫌恶。要见出事物本身的美，我们一定要从实用世界跳开，以“无所为而为”的精神欣赏它们本身的形象。总而言之，美和实际人生有一个距离，要见出事物本身的美，须把它摆在适当的距离之外去看。

心怡就是拥有这种特质的才女，她美丽的双眼总是从各种不同的角度、不同的距离来看待事物。譬如此书《格调》一文中，她既是探秘张大千人生最后居所的游客，又像引领读者参观的向导，藉由文字的描述，既像是游园纪实，又犹如进到张大千先生的画作之中，拉开适度的距离，让我们看到历史的轨迹，看到文人雅士的处世态度，看到一代大师对美的坚持。同样的景物，只怪我们平常都走得太匆忙，急着拿起相机想拍下看到的一切，急着想赶赴下一个景点。我相信心怡藉由这篇游记真正想告诉我们的就是，要适度地放慢脚步，拉开距离，这才不仅是用眼睛欣赏美，更能用心体会美。不论是短暂的旅游或漫漫人生旅途，每个人都可以学着这样去生活。

在数位手绘作品里，心怡更是藉由柔美线条及不简单的丰沛色彩（每一幅画可能叠了四百到八百层 layer)，搭配美如诗画的文字，让我们暂时跳离实用的世界：一只高跟鞋、一盆绽开的蝴蝶兰、一个玫瑰蔓藤中的女子……这些周遭的事物在她的创作中都展现最美妙的姿态，值得细细品味。更棒的是她能让人领悟到：美是感官上的刺激，更是沉思后的喜悦。就像心怡在书中引用罗马尼亚画家博巴说的“画素描是从我们看不见的东西开始，而以看见的东西结束”，个中道理，当你看完这本书应该也会懂得他所谓的看不见的东西、看得见的东西，究竟是什么。

美是无所不在的，多才多艺的心怡在这本书中，从女人的自我成长谈到生活的感触，再让我们领略到文字与视觉之美，不疾不徐地跟我们分享她的生活及作品。在读这些文字时，我们不妨也放慢速度并一再咀嚼：从表面开始，一层一层地深入。她引经据典或变换不同的省思角度，让单纯的事物展开不同的层面，就像万花筒里的缤纷瑰丽让人赞叹：美是有深度的，是由内而外绽放出的成果。有了这样对美的信念后，就像书中说的：“人一生中的明亮或阴暗，绚丽或平淡，何尝不是色彩的韵律？”

最后我想再引用《谈美》最后章节《慢慢走，欣赏啊！》中的文字：

人生本来就是一种较广义的艺术。每个人的生命史就是他自己的作品。这种作品可以是艺术的，也可以不是艺术的，正犹如同是一种顽石，这个人能把它雕成一座伟大的雕像，而另一个人却不能使它“成器”，分别全在性分与修养。知道生活的人就是艺术家，他的生活就是艺术作品。

没错！艺术之美是离不开生活的，每个人的生命史就是他自己的作品。心怡在书中让我们看到她是如何用心生活，如何体认生活周遭的美，如何让美在她的身上自然地散发出来。关于女性的自我成长与素质教育，心怡跟我们分享最棒的做法：

C'est La vie，生活真的就该如此。

余湘

WPP 传播集团 GroupM 台湾区董事长暨总裁、联广传播集团董事长

推荐序二

人生一定要精彩

“人生一定要精彩”是我常挂在嘴边的话，而心怡似乎为这句话做了极好的诠释。

第一次见到心怡，我的印象是：眼前这位具备闺秀风范的女子气质内敛，不卑不亢，端庄典雅；多才多艺、见闻丰富使她谈吐不俗，能引经据典、侃侃而谈，也能与外籍人士谈笑自若 将古典的、时尚的、东方的、西方的文化融会贯通，视角宽阔，形成了她耐人寻味的气质。这个女孩好特殊！

看过太多的“美女”，她们对于“精彩人生”的定义，不外是锦衣玉食、豪宅名车、众星捧月、安定无虞的生活，而心怡似乎有着与众不同的追求。当我听说她放弃了在台湾令人称羡的职业，经受新移民面对的种种考验，选择艺术这条艰辛的路途，在学校以超越旁人数倍的努力自创了数位手绘，用 2/3 的时间完成学业，毕业前即获得国际参展的机会以及主流专业杂志的报道和肯定，而且成为“公主号”邮轮艺术拍卖会上当代唯一的华人画家，还在美国主流社会担任大型企业的主管，没有依附势力，也不走取巧捷径，这种不随流俗的心志和开创新局的勇气，令我刮目相看。

但提起这些成绩她并不自满，总是谦虚地接纳意见，思考着如何突破，对于自己的未来有明确的目标——不仅做第一，而且做唯一！她说：“我预防抄袭仿冒的方法就是永远比别人快一步。”每天超过 14 个小时专注作画，是需要很大定力、耐力及艺术热情的。她常自嘲太傻，而我认为她的坚持和信念，在这个凡事讲求速成、一步登天、不劳而获的时代更显珍稀。这或许也是她的画作和文字总能给人阳光和希望的原因。

这样的精神让我感动，在她身上不仅具备女性的温柔、细腻，更能看到韧性、毅力与大气。丰富的经历、不懈的努力、不同流俗的创意加上运用电脑科技的独创技巧，让我看得到她未来的天地极其广阔！因此，我向她提出挑战：用数位手法画中国泼墨山水。她很认真地琢磨了一段时间，突破了电脑软件难以表现的墨法、水法难度，终于让我欣赏到她创作的泼墨山水。这是用数位涂层手法取代油画涂晕效果、 展现变化莫测的物象，不论格局、灵气、色彩、层次感都已超越传统泼墨画的限制。以现代诠释传统，是西方后现代主义的一种表达方式。她以先进科技的绘画技巧，突显了古典山水泼墨的意境。

自然和谐的创造，除了深厚的文化背景外，必须涵盖理解力、观察力与创造力。作品是创作者内心世界的具体呈现，我在她的作品中看到了华丽特质，而这华丽不是狭义的色彩鲜艳、精雕细琢，而是一种温润厚实的丰富。这来自于她的品格。我所认识的心怡表里如一，不论文字或画作，都是她心境的真实反映。她不标新立异、哗众取宠，也不为媚俗而艺术，而是将真善美的追求充分地表现在生活与作品中。她把生活当画布，展现细致优雅与巧思，不以奢华虚荣来烘托；她个性温和却择善固执、是非分明，有颗温暖的心，懂得感恩；生长在充满爱的家庭，不吝惜分享幸福，尤其对于我所创办的“BEP 优质大脑计划”极力支持，在关怀自闭症及学习障碍儿童的事业上，总是热心参与……随着相互了解的与日俱增，我益发感到这个纯挚女子良善的灵魂。

当心怡告诉我这本书要在中国大陆出版，展现她的画作、诗文，以及她的成长经历、人生体悟，我非常为她感到骄傲与喜悦。在这个五光十色充满诱惑的时代，借着这样一本书，让大家看到一个有理想、有追求的女子，看到她的执着与选择，进而对社会发挥正面的影响，是一件很好的事。我常鼓励她：数位艺术就是未来！期望心怡不仅在创作上引领未来，更期待她能引起一股潮流，让心灵在这物质繁华的时代得到净化，让这个世界多一些温暖与美好。

衷心祝福心怡和她的读者们都拥有精彩的花样人生！

王冠雄

台湾第 17 届金马奖影帝、美国“BEP 优质大脑计划”创办人

自序

绽放生命的美丽

我从来不觉得自己是个有故事的人，可没想到会面对越来越多的好奇和探寻，并且发现它们常常围绕着我那些让女性充满幻想的成长经历和职业体验：参加过选美，做过空姐、新闻记者，客串过模特和主持人，又爱唱歌……等到我成为潜心钻研数位艺术和设计的“苦行者”，体验了在大学为人师表的责任，并从事写作，我自己也惊觉在走过的岁月中，似乎为生命不经意地涂满了色彩。呵呵，是不是小时候爱听外公讲《西游记》的故事，因而感动得齐天大圣送给我几片筋斗云?

但仔细想来并不偶然，我的每一步都是与“美”有关的。就像一条丝带上系着许多铃铛，当我顺着节拍敲打出悦人悦己的乐音，也让我这个寻梦人在旅途中屡见新天！

我从小就对看到的画面特别敏感。还在牙牙学语时，妈妈指着天空，告诉我：“那是云。”然后问：“你瞧瞧，它像什么？”我凝神找寻那隐藏的线条和图案。随着年龄渐长，眼中的云彩从棉花糖、天鹅羽，化为 “千形万象竟还空，映水藏山片复重”的诗意，这时我才知道：原来云不只是“云”啊！具体的形象在我心中蕴生出无穷意象，自然而然变成了诗歌、图画，成为我生活的乐趣和创作的源泉。当想象成为习惯，我便无时不在搜寻生活中打动人心的“惊鸿一瞥”。参加选美给我展现自信与社交经验的机会，做空姐时感受世界之大，新闻采访中以不同角度深入剖析人、事、物……与那些藏在角落不易被发现的事物一旦产生共鸣，快乐就会不可言喻！我认为，视野、想象是艺术工作者不可或缺的条件。

有了感动就有了激情。早在中学时我便开始创作歌词，高中时更踌躇满志想把唐诗宋词译成英文，然而我最爱的还是绘画！那是我所营造的一个宁静美好、没有烟火的彩色天地，而且我发现：图像给人的震撼与感动往往比文字更直接；画作可以超越文化鸿沟，给人带来鼓舞和喜悦。此时，我便将绘画和设计当作人生重要的志向。

我没有接受过正规的美术教育，但深知创作源于生活。明末画家石涛的一语点醒了我：笔墨当随时代。它成为我选择以电脑为画具的关键，我要用电脑借古开今，将内心积淀的文化、美感、理想，用新颖的表现工具化成易懂的国际语言——线条和色彩，向世界传播。我期许自己成为这个领域的“第一”和佼佼者！

现在的人们对于用电脑画画还很陌生，遇到这类疑问我总会很认真地回答：我是以滑鼠作笔，荧幕当纸，一笔一画地直接在电脑上完成我的所有画作！它有别于传统绘画，却需有传统绘画的根基，功能更加多面。除了画作本身的欣赏价值，在我从事的设计工作中，大量由数位画作延伸出来的图腾，广泛用于各种生活用品、典藏精品。尤其是我一直认为艺术应与生活结合才能更享受美，它让我感受到更大的创作空间和技巧挑战。因此电脑绘画独特的“图层”概念，让画作不但是平面的艺术品，更是立体的、可以拆解成美化生活的元素。多年来，我的作品已经化身为各种形式的文创产品，让美的触角以温柔优雅的姿态，进入许多人的生活。

然而自我要求的驱动力永不止息，我一心要利用数位工具展现国画技法。当数位工笔、重彩的表现到达一定水平后，我终于将数位水墨画法突破了！泼墨画大师张大千曾说：“笔法难，墨法更难，水法极难。”而用电脑画水墨更有难度，尤其色彩之间交融的掌握，要达到能呈现自然的晕染感。经过不断尝试，皇天不负苦心人，我终于将国画手法与电脑技巧融会贯通了。在新与旧、中与西、传统与科技的和谐共处中，我的画作有了更多面相的风格与美感。

至今我已累积了五百多幅数位手绘作品，早已分不清这是我的工作还是兴趣。一份心思，孕育一份情怀；一种灵动，闪现一片斑斓；一个创意，呈现一份精彩。生活是否也能如画中的境界一般绮丽缤纷呢？人生的道路不是一成不变的，生命的光彩也不会只有一种颜色，可以像画画一样选择不同主题、结构，加上色彩的渲染，只要认真落笔铺呈，就会有一幅层次分明、意境幽远的新画。我写诗，因为岁月里流淌着如歌的感动；我画画，因为生活就是一块泼满斑斓色彩的画布！若用心灵的眼睛看我们生活的空间，会发现太多的人、事、物蕴含新意，值得感受其中的奥妙。此时的我，用空姐的体贴去品味每一个苦与甜，用记者的敏锐去关注每一个虚与实，用画家的感性去欣赏每一笔浓墨或淡彩，以设计师的创意将每一份感动发挥到极致。一颗淡定的心，可以在喧嚣中寻得宁静，亦能在寻常日子里找到趣味，在微不足道的事物中，感悟无穷哲理。

这样的心境不仅影响我的创作、生活，也构成我对情感的看法。我总觉得，无论哪种生活都需要经营。身为一个走在时代前端的女性，对于情感也可以有自己的选择——进入婚姻不代表从此要向苍白平淡认命，而选择单身也不见得是交了白卷。现在的女人真是幸福多了！在时代变迁和独立意识抬头的今天，可以让文化提升气度，用爱心滋润心田，靠智慧广结善缘，活得自在、健康、有能力、有见识。心灵的抗老化才是喜乐的泉源、维嫩的根本，让女人永远绚丽如花！

我愿意借着这本书的出版，透过我表现在生活、作品中的诗文与绘画，真诚地将成长体验和心灵感悟，与读者们分享！如今，任何女人都有接受教育和参加工作的权利，也可以充分发挥自己的才能，虽不一定需要和男人一争高下，但总可以各领风骚。无论环境如何变迁，女性的特质——勤劳、节俭、温柔、祥和是不能变的。懂得不断地充实，让智慧装点生命，让生命提升品味，让品味丰富生活，我相信女人有肯定自我的信心、掌握人生方向的能力。通过充实自己，让知识营养思想，思想强化能力，能力扩充度量，度量增加爱心，定能让生命绽放出光彩！

目录

contents

序言

壹 花开不寂寞

贰

内心的喜乐才是真满足

叁

幽幽女人香

肆

玫瑰玫瑰，我爱你

伍

爱的鼓励

陆

乡愁：我在这头，祖国在那头

柒

美国，welcome！

第壹章

花开不寂寞

21世纪，“她”最重要

妈妈拜师学美声已经很长一段时间了。在练唱几个月后的学员发表会上，她选择了两首艺术歌曲，其中一首曲名是《教我如何不想她》。今天我陪妈妈练唱完之后，她对我讲了一些关于这首歌的故事。

《教我如何不想她》是刘半农先生于1920年在伦敦留学时写的一首白话诗，1926年由音乐家赵元任先生将它谱成了曲。在那个年代中，它是知识青年们中间广泛流行的一首中国艺术歌曲。刘半农的“她”，也随着歌曲的流传，深植人心了。

这首歌的歌词是这样的：

天上飘着些微云，
地上吹着些微风。
啊！微风吹动了我头发，
教我如何不想她？

月光恋爱着海洋，

海洋恋爱着月光。
啊！这般蜜也似的银夜，
教我如何不想她？

水面落花慢慢流，
水底鱼儿慢慢游。
啊！燕子你说些什么话？
教我如何不想她？

枯树在冷风里摇，
野火在暮色中烧。
啊！西天还有些儿残霞，
教我如何不想她？

这般浪漫深情的诗句，字字叫人心魂荡漾！刚开始的时候，很多人都认为这是一首普通的情诗，但是当年和刘半农先生一起在欧洲留学，后来又将这首诗谱上曲的赵元任教授说，诗中的“她”，是代表了当年他们在国外日夜思念的祖国，这首歌是诗人爱国之情的真切流露。

而这个女字旁的“她”字，还有着很特别的来源经历：“她”竟然是21世纪最重要的一个字，具有划时代的意义呢！

鸟语花香

原来“她”字就是由刘半农先生首创的。刘先生是“五四”新文化运动的先驱，他经常翻译、介绍外国文学。第三人称代词的使用，在古代汉语字典或诗词、歌赋、小说中都是男女不分，一律写成“他”的。这个限制，使刘半农先生感觉很不够用。于是在 1917 年，他翻译英国戏剧《梦魂》时，就试着用自己创造的新字“她”来作为区别。之后，《教我如何不想她》成为有名的歌曲，“她”字也就正式编入了中文的字典之中。

2000 年 1 月，美国方言学会曾举行过一次有趣的“世纪之字”评选活动，获得提名的“世纪之字”很多，如“自由”“正义”“科学”“OK”“她”等等，而进入决赛的只有“科学”和“她”。最后，“她”巾帼不让须眉，以 35 对 27 的选票，战胜了“科学”！从而成为“21 世纪最重要的一个字”，也因此被引申为女人将在 21 世纪发挥更重要的作用。

引申的理由有人表示，是因为 21 世纪是不同于之前的工业时代，竞争的方式将不再依靠体力，而更多地需要表现在策划、推广、沟通、联络、互动、服务、协调等特质上，因而女性的敏感、细腻、灵活、韧性、关爱、注意力以及第六感等优势，将会在 21 世纪中得以大显身手。看来他创造的“她”，影响还真是深远啊！

而《教我如何不想她》这首歌，不仅让人触摸到作者那随着时代脉搏跳动的心，也体会到一个海外游子怀念祖国家乡和亲人的真挚情感。

歌词的意境深远，诗情浓郁，以四季不同的景色，传达出作者创造性思维的能力，用天上飘着的微云和地上吹着的微风来描绘春天的温暖和煦；那夏夜里皎洁的月光和轻柔的碧波相互辉映，流露出作者心中的爱恋；当落花随流水而去，燕子呢喃之时，仿佛一幅萧瑟秋景；接着枯树摇曳、野火熊熊、西天残霞的冬日凄清又都犹如一幅幅精美的图画，表现出诗人无论身在何时、何地，那种深刻的思恋情感都在心中涌现。再配上赵元任教授所谱的曲，真是句句扣人心弦！

如今相同的游子心，唱起这首歌，那份感动，就在我们的心中回荡……

温柔的魅惑

花仙子

多想问一问你
你是如何为花儿妆扮

红橙蓝绿紫又黄
不同的颜色不一样的款
件件衣裳都穿在她身上

四季随心换，却都少不了芳香
让人看着惊叹，赏了又赏

我呀！更想看一看你自己的模样
请你歇一歇，别那么忙

要不要带着我一起飞翔
教我心中的欢畅随你奔放

就像那花儿一路生长
不论在哪里绽放
都是灿烂

这样，即使仍然没有答案
我还是会继续把歌唱
唱出赞美，唱出希望
带着花儿的香
传向无垠的远方

大囍

母亲给女儿准备的嫁妆

一则有关新娘嫁妆的新闻让我为之震惊！

你知道印度每90分钟就有一位新娘因嫁妆不足被杀！2010年烧死新娘的事件达8391起！更骇人听闻的是：10年前，每年这样的惨剧是6995起，而到2007年烧死新娘的案件数量却已至8093起。现在……真是一路攀升啊！

时代进步至此，这世界居然还有这么多妇女受到如此残酷黑暗不公的待遇，真是令人惊讶、感慨。

查看了印度自古流行的嫁妆制度，重金嫁妆已然成为姑娘出嫁时的条件，若女方未能满足男方要求，即使提供了嫁妆，新娘仍然会在婚后遭受非人待遇——家暴、挨饿、被迫与娘家人断绝联系。丈夫甚至狠心地伙同家人迫使妻子穿上易燃的纱丽，浸上石蜡，将其点燃，对外就宣称是妻子做饭时不小心……如此把婚姻当成交易，竟然还能因此谋害性命，真是不可思议！

而在我所生长的台湾，从小就听大人们提起：台南人嫁女儿，号称

新嫁娘

"嫁妆一牛车"，从订婚到结婚，礼数既繁复又讲究！嫁妆也是往后身价极其重要的象征！

我的祖籍是河北赵县，曾祖父是地方上的大户人家。听长辈们说，以前周家大院的女儿们从七八岁开始，家里就为她们置办嫁妆，其中仅仅漆器这一样就需早早预备，每年都得上一次漆，直到出阁的年龄。听着老人的形容，眼前仿佛看到那秀气的小闺女，一年一年看着属于自己的那份财富被巩固、加厚，似乎幸福的期待也一年一年地变稳妥。

嫁娶是人生大事，各国、各地都有许多的传统礼俗，但是因着时代的演进对传统的做法也有了不同的改变。例如我的爸妈，由于当时都是随着父母从大陆到台湾的小小孩，成长过程中从大环境的教育里深深体验到：纵有万贯家财，任何有形的财物都会有遗失、毁坏、贬值、易主的危机。因此，他们当年结婚时就没有了婚聘嫁妆的要求，而今我和妹妹这两个新时代的周家女儿，"嫁妆"的观念更有了不一样的改变。

《圣经》箴言里说：有才德的妇人是丈夫的冠冕，她的价值远胜珍珠。与其积攒有形的"嫁妆"，我的父母宁愿倾全力地栽培女儿，因为妈妈说，没有什么是比充实的内在和优雅的外在更宝贵的财富。

我感谢父母的远见，尤其是母亲，在我和妹妹的成长过程中，以身教作为典范。二十岁生日时，妈妈给了我一串珍珠项链，她说，所谓女人"无形的财富"，就仿佛贝蚌育珠，成长过程中的每一次学习，都如同植入贝蚌中的一颗沙粒，要经过时间的孕育，逐渐成为光彩耀目的宝珠。珠子越多，串起的珠链也越美丽，这不但是光华的外在，更是属于自己生命内蕴的永久宝藏。因此女人要懂得不断地充实，让智慧装点生命，让生命提升品味，让品味丰富生活。

母亲给的第一样财富：做个细致的女人

哪个女人不爱漂亮？在外貌的打理上，妈妈教导我们讲究"细致"，而非追逐流行。穿着任何服饰都要注重"细节"，即使是最简素的东西也能因此提升质感。就拿 T 恤、牛仔裤来说，虽是最休闲的装扮，但只要衣领、袖口平整，裤管直挺，搭配适当的鞋、包、配件，就不一样了。把握仪态从容轻松、不邋遢，妆容素雅不草率，就会得体有型。我也因此不迷恋名牌，总是记住高雅端庄的气质才是受尊重的，女性不需过度追求物质欲望来达到美丽的目的。

母亲给的第二样财富：做个有知识的女人

母亲还说：女人要多读书，而且漂亮女人更要多读书。因为知识就是力量，而美丽的女孩受到的诱惑更多些，若没有足够的知识作为后盾，很容易迷失方向。

苏东坡说：腹有诗书气自华。知识让女人有自信、有见解，不断地进修可以增广见识，也让女人与时俱进，不与时代脱节，除了本身可以在职场上与人一较长短，也可以成为丈夫的助手、孩子的模范。

求知的方法有很多，掌握工具是最基本的。在我读小学的那个年代，极少人重视外语学习，妈妈认为语言是我通往世界的窗口，是学习任何专业的利器、拓展视野的工具。于是在不偏废中文教育的同时，让我们在外语学校接受语言的训练。从小打下的双语基础，使我们有了较好的英文能力，不论升学、求职，或是结交朋友都更加有利。尤其是移民美国以后，已经运用自如的外语使我可以立即进入主流职场，和本地人互动、竞争。

记得我还在台湾的电视台当新闻记者时，因为外语水平好，经常被安排做国际人士的访谈。

有一次公司安排我采访好莱坞巨星凯文 · 科斯特纳，时间很紧迫，公关公司的新闻稿又迟了，于是我赶紧联络在美国的妹妹，替我传真了一大串凯文 · 科斯特纳的原文资料，由于这份准备，使我在拿到官方新闻稿之前心里就有了底，信心满满地完成了任务。

离开了校园，还是要保持进修的习惯，现在资讯因网络而发达，随时随地都能吸取新知，充实自我。当我需要收集资料时，不必因语言而受限，可以找到更多第一手的讯息，作更直接的学习。爸妈当初的用心，使我一直受用无穷！

母亲给的第三样财富：做个独立的女人

《圣经》上教导女子要顺服。母亲是这样教我们：女人要顺从、要谦卑温和，但别做依附男人的菟丝花，一定要能独立。

周心怡设计作品

看看印度新娘的例子，在那样封闭的社会，她们没有独自谋生的能力，娘家势弱，无力保护出嫁的女儿，又没有社交圈子，没有朋友可以倾诉、求助……嫁给好人家算是幸运，若是不幸遭到不公的对待，只能忍气受欺凌，甚至被活活烧死，多么可怜啊！

我庆幸生活在开放、理性的社会里，虽然没有这么多骇人听闻的事例，然而却在姐妹淘里经常看到另一种依附所带来的痛苦。女人的情感若成为生命的全部，没有自己的生活追求，像藤蔓只倚着树，就很容易以爱之名为双方铐上无形的枷锁，孤注一掷使自己陷入无路可退的死胡同。亲情、友情是我们的支架，在幸福的时候发挥辅助的功能，在失意时，则是重要的支撑，使我们在受伤时仍能继续向阳生长、开花。人生的路上，需要很多的同伴，除了爱人以外，家人的支持、朋友的扶持，会让我们走得不孤单。若是缺少亲情和友情的经营与支持，在情感上全然依附对方，很容易将自己封闭，既得不着渴望的爱情，又失去了自我。

我很感谢爸妈从小为我积攒的无形财富。有人说，女孩要富养，我想这不意味着娇宠，而是教导女孩儿们自重自珍。其实尽可能地自我提升，倒不是真为嫁人，而是更明确地认识女人存在的价值，使女性可以拥有充足的自信，可以凭着这些宝藏，过怡然自得的人生。

女人啊，不要肆意挥霍青春

时下有关女性成长的著作似乎都会有共同的结论：女人啊，你要多爱自己一点。

于是，每当姐妹淘们想超支添点行头时，或是看到漂亮甜点嘴馋时，就会把头发一甩，眼睛一飘，娇嗔地说声：管它呢！我要多爱自己一点！

我也常常思考这句话的真意，难道“放纵”就代表善待自己吗？我不是专家，然而当了女性这么多年，多少也有些感悟。我觉得，把时间留给自己，就是“爱自己”的表现。

时间就是生命，把时间给了谁，就是把最重要的资源给了谁。不过东方文化特别歌颂“牺牲”的美德，因此女人们理所当然地把生命全部倾倒在所爱的人们身上。

把时间给自己？那是奢侈的！然而奉献久了，常常被视为理所当然，自我价值也荡然无存了。所谓的“把时间留给自己”，其实就是把心腾出一些空间，关注自我的成长和完备。这并没有剥夺你对周围人、事物的爱，却能让自己变成一块强力磁石，自动“吸引”拥抱。

珠圆玉润

把时间留给自己，培养兴趣

我有不少闺蜜，循着正常的时间轨道运作人生，她们相夫教子，生活优渥安稳，却总是对我表示出羡慕，这让我不解。

一个姐妹告诉我，她在婚后迅速地生了三个孩子，随着孩子的成长，她的日子就是从奶瓶尿布到接接送送：每天早上脸还没洗就匆匆送孩子上学，然后绕到市场买菜。回到家，把买回来的什物处理好，交代给保姆后，午餐时间可以喘口气，趁这个空档她会和女友们相约吃个午餐，聊聊老公、孩子、影视八卦、家长里短。看看手表2点半了，该去等孩子放学，再一个个送去不同的才艺班。公婆规定她下午五点以前得在家，因此孩子下课，她又赶回家去监督保姆做晚餐，每天要做五菜一汤。她说：你看看，我的条件也不错，也有很多梦想，也想培养兴趣，可是我没有办法坚持，也没有决心。我好羡慕你有自己的一片天空，真希望有一天我也能像你活得这么精彩！

其实每个人的际遇不同，与她们相比，未婚的我是多了份自由，可以充分利用了这份自由去经营我的喜好。对于我的这些朋友们来说，我认为缺少的不是时间，而是动力。

不管大事、小事，最难得的就是开始的那个动作。安逸的日子过久了，通常会安于现状，害怕改变，害怕委身，宁可把希望投注在孩子身上，寄托在丈夫身上，让孩子来替自己圆梦，让老公去打拼，毕竟动嘴比动身要容易。可是一旦孩子大了离开身边，自己失去了生活的重心，便茫然不知所措，又深怕和老公之间的落差越来越大，这时候才起心动念培养兴趣，已经时不我予！

还有，她们没把心思放在自省上，没有真正探索内在的需要：到底什么是自己喜爱的？什么是自己的天赋？没有思索，就没有答案，自然也没有方向和目标。

没有家累的女孩们，把时间虚度在夜店、K 房、压马路、上网聊天上，任宝贵时光白白溜走，多么可惜啊！要知道没有一项投资比投资自己更值，尤其是投资在充实自我上。一季度的摄影课程和一个 LV 限量包，标价或许相同，但能创造的价值和影响却大异其趣。

把时间留给自己，保健养生

我喜欢听男性友人从他们的角度聊女性。有一次谈到女人的内心比外貌重要时，朋友不以为然地说：这是为自己的“不美丽”找借口。乍听之下虽然有些不近人情，但仔细想想，外貌所呈现的不只是五官、身材，还有气质、学养、品味、健康、生活习惯。相由心生，内心不美，绝对无法在外表上展现吸引力。

审美的标准随着时代而不停地变化，若要迎合潮流改变外形，实在太辛苦了！拿我本身来说，会从身体的健康开始着手。

还记得高中时期流行弱不禁风的“火柴美人”，虽然不胖，但因为我的脸圆圆的，心里老是觉得介意。有一次上数学课，老师说：我要找班上脸最圆的同学上来画圆。我低着头想躲开老师的目光，没想到老师还是对着我大喊了一声：“周心怡，就是你！”当时真是糗！于是想尽办法减肥，用了许多不得法的招数，结果不但没有瘦下来，反而因为虚弱而浮肿，精神不济，气色也不好，得不偿失啊！

渐渐地才领悟到：唯有健康的五脏六腑，才能让脸蛋散发自然的红晕和光泽，也才能有充沛的体力和精神，让愁眉舒展，嘴角时常挂着微笑。身体的健康状况同时也影响了生活品质，据说孩子的体质遗传来自母亲，而女性又是家庭中的核心，爱惜健康就是体贴家人。

我很注重身体的保养，最坚持的一点，就是：不挥霍青春。

年轻的姑娘仗着本钱雄厚，不重视睡眠，该睡时耗着，该醒时赖着，因睡眠不足而眼神钝浊、形容憔悴，便要依赖厚厚的胭脂香粉掩盖，青春的灵气尽失，太可惜了！而年长一点的女性，往往克制不了美食诱惑又缺乏运动，于是任由体重和胆固醇指数都同时飞涨，体态变了，失去了打扮的兴致，容易给人邋遢的印象。

身体有它的规律，何时该睡、何时该吃、何时该运动，顺着它的规律就是最好的保养。崇尚简单的生活，定时定量，均衡有度，不要轻忽身体对我们发出的提醒和要求，这是最容易也最有效的驻颜术，你呵护善待它，它便会用青春和活力来回报你。

扑面香风暑气消

荷塘

圆圆的月亮，掉进了水塘，
仿佛晶冰溶入琼浆，泛开了，
一片荧光荡漾。
我摇起船桨，
想打捞起月光，
纺成银丝万缕，
织成梦的衣裳。
无奈碧绿的祥云郁郁苍苍，
遮挡了寻觅的方向。
星儿啊，让我与你打个商量——
向你借取熠熠星光，
点起盏盏红纱灯，
为我把路照亮。

女人可以平凡，但不能乏味

记得《红楼梦》五十九回里贾宝玉说，女孩儿未出嫁，是颗无价之宝珠；出了嫁，不知怎么就变出许多不好的毛病来，虽是颗珠子，却没有光彩宝色，是颗死珠了；再老了，更变得不是珠子，竟是鱼眼睛了。分明一个人，怎么变出三样来？

这话虽是混话，倒也不差，其实嫁没嫁人不是关键，而是现实会将人的灵性渐渐磨灭。女儿本是水做的骨肉，令人接近便神清气爽，但因着牺牲奉献的母性本能，让女人总是不由自主地以别人为中心转啊转，不管已婚未婚，柴米油盐的现实压力往往令人身忙心乱。日子一久，生活圈越来越缩小，心胸也逐渐狭窄，好奇心渐渐变成了爱管闲事的八卦心理；欲望越来越大，企图心却越来越小；言语间多了抱怨，少了内涵，珍珠的光彩宝色转为混沌。

独处也是一种能力，独处并不意味着不再感到寂寞，而是能安于寂寞并在寂寞中产生力量。我们在独处时的第一个反应往往是不安，一心逃出寂寞，直到渐渐安下心来，建立起生活的条理，这是培养兴趣的好时机，借着阅读、写作、思考，将寂寞驱逐，“静”让漂浮心中的杂质沉淀，再现清透澄澈，并使寂寞本身成为一片诗意的土壤，一种创造的契机，诱发出关于存在、生命、自我的深邃思考和体验。这样一个水做的骨肉，将会是一泓清澈的深潭，而不是一汪泛不起涟漪的滞水。

情感是女人的一切，对于所爱的人——情人或孩子，都是倾其所有地爱，不问对方要或不要，又因为有了付出就期待回报，因此衍生出负担、怨怼和压力。

《圣经 · 路加福音》里有一段姐妹的故事给我很大的启示：马大和马利亚这对姐妹都很敬爱耶稣，有一日耶稣来家里做客，姐姐马大忙里忙外招呼，累得满头大汗，少不了透出烦躁，回头一看妹妹马利亚静静坐在耶稣脚边，倾听耶稣说话。辛苦了一天的马大再也忍不住恼火，向耶稣埋怨：没看到我忙得团团转，您怎么也不打发妹妹来帮帮我？

但耶稣说，马大，你为我费的心我知道，但是不可少的只有一件，马利亚已经选择那上好的福分，是不能夺去的。

其实女人常常试图用“功劳”和“苦劳”来换取爱，其实这些或许能换来感激，却不能换来爱，爱是要靠“吸引力”。如果你总是以为妥协、将就、容忍一点就可以得到幸福，结果往往是你的底线放得越低，你得到的回应就会越少。

我感到有时候人与人的相处，不在于你能为对方“做”多少，而是你能否给予对方喜悦和体恤。“付出”是爱的结果，而不是原因，用恩情的手铐将对方捆绑，会让自己和对方都成为很不可爱的人。把视线从所爱的人身上挪开，方能察觉自身的欠缺，努力在各方面完备自己，有智慧、美丽、柔和、温暖、善良，成为一个散发魅力的人，当人与你相处时感到舒服自在，他又怎么还舍得离开呢？

女人可以平凡，但不可乏味；可以通俗，但不允许庸俗。愿以此句与每一位女性朋友共勉，活出精彩人生！

甘霖

潇洒

我不想说什么，
今天我累了！
我要用白云铺床，
雪花当枕头；
我要用小雨沐浴，
微风当衣；
轻披上彩虹的被，
再拉上极光的帐幕；
轻松地睡在天地间！
还有什么该说的……
就等明天吧！

当下女人最需要修炼的

忙完了手边产品的设计图，我多了在网上转悠的时间，于是发现谈“女人”的话题还真是不少：小女生们为赋新诗强说情愁的就不提了，不一样职分的女性也分别都有很具代表性的见解——有人想从“大女人”回归做个“小女子”；也有人要把自己的形象从“淑女”换成“俗女”；又有人呼吁“粗妻”当自强；还有好妈妈的育儿经……这让我看到在国内成长的女性，比起我所知道的其他地区的女性都要独立自主，且有权威能力，又勇于且善于表达自我的思想和行为决策。

小时候，我最早亲近的女性就是外婆。外婆本是娇生惯养的独生女，抗战时期，嫁给了从福建到四川从军的外公，从此就扮了一生为人媳、妻、母，还有其他如嫂嫂等等的多重身份。外婆说，当年嫁给外公这个外乡人，是需要好大的勇气呢！当外公将家乡的父母、弟、妹都一起接到四川，再到台湾，她一个娇娇女要张罗一大家子的食、衣、住、行，可是吃了不少苦头！她有许多传统大家庭里的心路辛酸。记忆中我每天总是看见外婆不停地忙着、忙着……那家务事就像永远都做不完，却从不见她有丝毫抱怨

乘风破浪

或焦头烂额的神情！她能料理出一大桌子上好的酒菜，但永远是最后一个上桌吃饭并收拾残局的人。外婆的个性内向，很少表达自己的意见，每次当我在电视剧里看到那种任劳任怨、只知付出、贤淑的传统女性，我就像看到了外婆的一生。

外婆很爱我，非常非常爱我，她总是望着我笑，搂着我笑。有一次她居然心血来潮，要外公用毛笔写了古人对“善相女子”审美的九大标准送给我当字帖，好时时复颂在心。内容是：

头圆额平、骨细皮滑
面如满月、背圆腰平
唇红齿白、鬓薄乌润
眉长目秀、顾盼神飞
指纤掌圆、纹如乱丝
语小声圆、清如流泉
笑不露齿、语不见媚
行步稳缓、坐卧端静
神清气和、皮肤香洁

真不知她是从哪儿听来的，有意思吧！

妈妈和外婆就不同了，她总是可以让人听她的，因此对我的影响也最深。她一直教导我和妹妹的就是：女孩子气质重于外貌，品德、学识高过金钱权势，最最不可倚仗容貌，甘做绣花枕头！她对我和妹妹的言行比起弟弟，真是严格得太多了！她的理由是：男孩子要心胸宽、气度大，所以可以小节不拘。偏偏弟弟和我一样是九月出生的所谓处女星座，心胸气度之外，小节“拘”得可厉害了！妈妈因此还相当得意她的教子之道，说：好男人当豪

宫檐融暖晓妆懒

迈与细腻兼具，呵呵。

妈妈大学主修的是服装设计，这在当年还是很新的科目。她求学时期就在报章杂志发表设计作品，还得过好几次校内校外的设计首奖，一毕业就有好的工作机会。可是外公认为女人终归要以家庭为重，想要当职业妇女，应先考虑好选择一个固定安稳的职业，如此婚后才能兼顾。就这样妈妈可以代表她那一代“半自主”的女性——尽管有自己的意见，但是父命还是不敢违背，只好担任教职，放弃了自己的兴趣。

记得有一次，我拿着妈妈替我画的旗袍设计稿，到台湾一家极富盛名的本土品牌去订做旗袍。公司的负责人和妈妈毕业于同一所学校，当她得知图稿是妈妈设计的，就说：“我和你妈妈分别得过同一次设计奖的冠军，你妈妈是衬衫组，我是洋装组，她现在做什么呢？”我回答：“老师。”“老师”这个职业虽然神圣，但怎比得当“老板”有气派？她很惊讶，然后一直向我描述她们学生时代的辉煌纪录，又带点炫耀和得意，因为她已经创了品牌，有好多家连锁店。回家后，我沮丧地对妈妈抱怨，妈妈说：“我一点也不觉得遗憾！我这一生画得最用心的就是你们啊！有什么可取代的呢？如果人生可以重来，我还是愿意做同样的选择，有什么比这个家更珍贵？”

妈妈那一届在事业上有成就的同学几乎都离婚了，这让我看到了身为女性不同的价值观和职场的残酷。

有幸生在现今这个时代，我觉得女性真是幸福多了！我虽不提倡女权，但是现在选择自主的生活方式和思维已是普世价值，任何女性都有机会接受好的教育和工作权利，也可以充分发挥自己的才能。不一定需要和男人争长斗短，但总可以各领乾坤。不过，我觉得无论环境如何变迁，女性的特质是不能变的，像外婆的勤劳、节俭、温柔、祥和，妈妈的果断坚强、坦然自在，仍然是我看为美与愿意学习的榜样。

婚姻确是女人的一种归宿，我不排斥，但也不向往。我总觉得，无论哪种生活位置，都需要经营。作为女人永远要能掌握好自己的人生方向，不断地充实自己，让知识营养思想，思想强化能力，能力扩充度量，度量增加爱心。爱心是最好的美容秘方，这种状态下的女人，你会忍心说她不可爱吗？

菡萏新花濯清澜

姑娘

姑娘啊！问问你：
可曾有过这样的梦想——

能摘下天边的月亮戴在头上，
像顶着最耀眼的皇冠。

可曾盼望胸前的灿烂，
是数不尽的星星在闪闪发光。

用七色彩虹来做衣裳，
像只凤凰翩翩舞动着的翅膀，
可以自由自在地翱翔。

姑娘啊！快来看！
这里就有人如此模样，

她用月光般的银片做了美冠，
戴在头上一样闪着亮。

胸前的灿烂叮当作响，
奏出天籁般不曾重复的乐章。

掬起一缕缕粼粼波光，
缀在衣袖上就像那粒粒碎钻。

是哪家美丽的船娘啊，
飘飘地在绿波中划行荡漾？

随风低吟着心中盼望，
哪天和情郎一起在这里合唱，
唱出生命中美好时光。

“无龄嫩女”养成法

在“美女”这个名词被过度使用的时代，许多人开始用“仙女”来形容更高境界的赞美，说的是那些有如画中逸品的女子。在我的绘画作品中，也常描绘“仙女”这个主题，每当动笔之前，我总会仔细思索“仙女”该有些什么特质：美貌、善良、纯真、智慧、有给予的能力、青春不老……？这些都是人们理想的投射。现实生活中也有越来越多这样的女子，符合仙女的特质，尽管步入成熟的盛年，却有着叫人惊艳的外型、气质和谜样的年龄，让她们被冠上了“中嫩女”的称号。

作为女人，这也是我对自己的期许。谁也无法阻挡岁月之轮的运转，时间对每一个人都是公平的，但“我”可以主宰“光阴”在我身上留下了什么。但愿那是历练，而不是风霜；积累了智慧，而不是皱纹。当我们越来越能凭借着能力与努力完成大部分的人生追求时，最希望的就是留住青春，这也是为什么“抗老化”是全球共同关注的话题。拜医学和科技之赐，要维持外貌的不老已经不是难事，然而相由心生，心灵的抗老化才是“维嫩”的根本。

霓裳漫舞箫韶处

对艺术事业的追求和对纯美爱情的执着，让我冷静，选择单身至今。因为没有多余的精力牵扯进复杂的婚姻关系，我会有更多自主的时间来打理好一个人的精致生活。我喜欢挑战自我，尝试不同领域，在事业方面除了作画、开画展、出书，现在还延伸到与一些品牌的合作，为一些大公司做视觉形象设计。生活中，我更愿意花许多的时间与家人相处，和她们旅游，尝美食，看演唱会，也投身关怀自闭症儿童的公益活动。闲下来的时候，我会用心打理我美国家中院子里的花草果树，与我的宝贝猫咪佑佑亲密玩耍，录制一些歌曲放到博客上与博友们分享。

精神世界的富足让我变得越来越立体和多面，同时也让我依旧保持一颗如少女般纯净的心灵。每个从事艺术的人都必须具备两种能力：观察力和想象力。因着创作，我保持了这样的心态，它会让我眼神发亮，流露出年轻的光彩。

有人说，做梦是少年人的专利，但丰富的想象力让我的心不受空间与现实的局限。心之所至，没有什么是不可能的，敢做别人不敢做的梦，并且努力去实现它们，给我旺盛的精气神。而艺术之美给了我最佳的熏陶，不管是绘画或音乐，让我时时浸淫在美的氛围中，比任何高档奢华的SPA更能使我放松、滋润。

我虽不是明星，然而打从写博客以来，也不断有人向我探询保养之道。我遵守的是“尊重身体，崇尚自然”。你看那花儿只需阳光、空气和水，除了清晨的露珠之外别无赘饰，女人也一样，

腹有诗书气自华

善待自己的身体，凡事有节度，从不挥霍青春，也就无需过度雕琢，简单规律的生活和正确的保健让我保持了最佳状态。

老化的最大特征，就是心灵和身体机能的新陈代谢都迟缓了。台湾有个对女性的形容词“婶味儿”，相较于“中嫩女”，最大的差别在于视野的不同。当人生活圈越来越缩小，心胸会逐渐狭窄，好奇心渐渐变成了爱管闲事的八卦心理；欲望越来越大，企图心却越来越小；言语间多了抱怨，少了内涵。

一旦心龄老化，斗志必然削弱，处事必然消极，理想必然褪色，人生色彩必然日趋灰白！一个不断追求进步、挑战自我的人，最不能容忍自己的陈旧与落后，如果可以把心龄养好、养活、养青、养嫩，人生色彩必然常保新鲜艳丽，人生未来必然时时充满希望！而保持年轻的心龄，正是我努力追求的“维嫩秘诀”。

此外，长存感恩的心，以豁达开朗的态度面对生命中的每一天，使我脸上常保笑容；真诚关怀身边的人、事、物，情感的交流让我在爱里没有缺乏，更因为给予而更加富足。在时代变迁和独立意识抬头的情境里立志做个“无龄嫩女”并非难事，也是女性生涯的新领域。

让文化提升气度，用爱心滋润心田，靠智慧广结善缘……总的来说就是能拥有18岁的好奇心和纯真，25岁的如花美貌，35岁的冲劲与活力，45岁的自信和洗练，55岁的淡定与关怀，65岁的智慧和宽厚……简言之，这就是“无龄美女”。

有句话说：“年龄不可挡，身龄可以练，心龄可以养。”它已经给了任何想要活出青春自在，健康、有活力、有能力、有见识的“中嫩女”一个指针性的标杆啦！女性同胞们，一起努力！

花开不寂寞，栀子最美人

每年端午节前后，院子里的栀子花盛开，那香气就像朱自清先生的描述：“浓而不烈，清而不淡。”它飘散在身前身后，令人心畅神怡。

想起了明朝沈周那首诗：

雪魄冰花凉气清，曲阑深处艳精神。
一钩新月风牵影，暗送娇香入画庭。

我小心翼翼地摘下几朵放在水晶碟子上，看着花瓣上的小水滴，勾起了我儿时美好的记忆。记得第一次看见栀子花是在校园的一个阶梯边，那时的我应该才六七岁，在一所外语学校就读，老师们都是穿着一身雪白衣裳的修女。我总想看看那盖在她们头巾里的头发，于是拿着手中的栀子花跑到老师的面前，对老师说：我想把花戴在你的头上，好吗？

修女老师微笑地将我手中的花拿去，却插在我的头发上，她弯下身，看着我说：这花什么的，你戴最漂亮。

那柔柔的声音，淡淡的笑容，一直深印在我的脑海。每次想起，都觉得她更加美丽了！那纯净的影像中还有飘荡的裙摆，在摆动的韵律中还跳跃着我当时快乐的校园生活。

有一次，教室外的走廊上不知道从哪里来了一只小狗，同学们高兴地笑着、叫着，都想抢着去抱它，于是老师想到一个让小朋友安静的办法，宣布让所有的同学来画这只小狗，谁画得好就可以把它带回家。非常意外地，竟然是我被评为最佳人选，当时我抱着小狗，就像得到全世界一样，开心极了！那一刻被同学羡慕簇拥的光彩和骄傲，到现在想起来，还能让我嘴角上扬。不是吗？我相信不会有任何一位画家能和我一样得到这么奇特且珍贵的奖品——一个活的小生命唷！

我的记忆离不开歌声。在学校，老师只教我们当时传唱的儿歌，而我却常常听着唱机里爸爸喜爱的那些西洋老歌，像《离家五百里》《世界之顶》……因此，我总是被老师牵着小手，轮流到各年级的教室，唱给比我年级高的哥哥姐姐们听，每次唱完了，就听老师对小朋友说：要像她一样，不要只学课堂上教的东西，课外也要多多涉猎！

这点得意成了我日后经常抱怨妈妈抹杀了我可能成为歌手的理由呢！歌手没当成，却另有收获。初夏的某一天，班上来了位新同学，他有着深棕色的头发，深邃忧郁的眼眸，雪白的皮肤，是个混血娃娃。

修女老师向大家介绍完了之后，便将我叫到讲台前，悄声地告诉我：Tony 的爸爸没有告别就离开了，他刚刚来到这个新环境，非常需要安慰和帮助。你是班上成绩最好也是最热心善良的同学，以后你要多多帮助他。

老师委以重任，在家当惯姐姐的我，心中的侠义情结油然而生，把保护新同学当成了我的职责。我督促他写作业，下课了，领着他和同学们玩。但他总是心事重重，常常低着头，坐在一旁看着同学们嬉笑，显得自卑、胆怯。

这可怎么办呢？我灵机一动，唱歌吧！我教他唱《耶稣喜爱世上小孩》。歌词是这样的：“Jesus loves the little children, all the children of the world. Red and yellow, black and white, they are precious in His sight. Jesus loves the little children of the world.”翻译成中

以恩典为年岁的冠冕

文是：

耶稣喜爱世上的小孩，世上所有的小孩，

不论黄黑白棕种，都是耶稣心肝宝贝，

耶稣喜爱世上所有的小孩。

唱着唱着，Tony 蓝色的大眼睛里流出了眼泪，终于告诉我，他的父亲是美国军人，母亲是台湾人，生下他之后，父亲因为部队撤防而返美，不见踪影，除了时不时地寄点钱回来，从未露面。他和母亲、祖母经常需要搬家，过着不稳定的生活。因为他的特殊情况和面貌，在同侪间常常被欺负、取笑。他问我：什么是“爱”？耶稣真的“爱”我吗？

我搂着他的肩膀，说：Tony，老师爱你，同学们爱你，你的妈妈和祖母也爱你。只要你一感到孤单，就唱这首歌吧！你就会想到有这么多的人爱你，最重要的是耶稣爱你，你是他的宝贝！

就这样，Tony 的脸上渐渐浮现了笑容，在爱的簇拥下，恢复了活泼和自信。一直到暑假的某一天，他打电话来告诉我，他的父亲终于找到了他们，要接他和妈妈到美国去了，向我告别。这时我感到眼眶湿湿的，就像带着露水的栀子花，那泪珠里含着友谊的清芬，挥之不散。

回忆总是甜美的，但也是感慨的。古诗中有“两叶虽为赠，交情永未因。同心何处切，栀子最关人”的句子。儿时纯净的心思，一如洁白的栀子。捧着一样的花，嗅着一样的花香，我有着依恋的情怀，但也相信，只要过好每一天，还是会花香常漫的！我也愿将这样的美好，吹送到各位的身边。

盼

长相思

带着梦想我飞向海洋，
风儿撑起我的翅膀，
点点繁星为我引航。

我昂着头迎向滔滔白浪，
浪花在月光下闪闪发亮，
好像临别时，
你眼里的泪光。

啊！姑娘！
牵挂是我唯一的行囊，
此刻你是否正朝着我的方向眺望？
那柔情的眼神如灯火将我前路照亮。

我仿佛听到在风里唱：
莫忘！莫忘！
请将思念的泪珠颗颗珍藏，
串成项链待回家时为我戴上！

我是快乐SOHO族

一般人对“宅女”这个词儿虽然带有些许怜悯的味道，但对恋家的我来说却是很自得其乐的。尤其能够在职场上华丽转身，成为真正的SOHO族之后，每天自在地在家里办公，是我多年来梦寐以求的工作形态。因为它不仅仅是能将创作当成事业，更是生活中无可取代的无拘和快乐，“SOHO”似乎是独一无二的选择。

说起SOHO族，许多人都是会羡慕的，不用朝九晚五，没人管束，不必再看老板的脸色，多自由啊！可是，当他们尝试过之后，会发觉，这“自由”正是SOHO族最难对付的考验！我有不少SOHO族的朋友，在家办不了公，还是需要花钱另租工作室。这笔费用不能省吗？他们无奈地说：没办法，在家里东摸西摸——看到床就想睡，玩会儿游戏机又欲罢不能，好不容易静下心，朋友来个电话又可以掰扯半晌……能分心的事儿太多啦！

不必再看老板的脸色，也不代表就此解放，其实啊，当自己的老板学问可大了！要对付的其实就是自己的“习惯”。想要自由自在？自动自发、

自制自律是必修课程。经过这些年的实战经验，让我悟出了一些心得：

创造适合工作的环境

如果没有强大到可以抗拒诱惑，那就避开诱惑吧！其实，SOHO 族只是把工作的地点从写字楼搬到家里，不管家的空间有多大，规划出一个专属于工作的区块是必要的，在这个范围里，不要有让你分心的东西。比如，书桌和床铺不要挨在一块儿，电视、电玩等娱乐用品也别放在随手可及的地方。

有些讲究点的人还会考虑风水，我觉得，只要动线的安排合理而流畅，长久待着也不觉累，便是好的。我的书房很安静，不受干扰；空气流通，不会昏昏欲睡。还有，光线充足、柔和，避免损伤视力；桌椅的设计要适合人体工学，否则坐的时间长了，可是会伤害脊椎的健康。

早晨梳洗整齐后，脱去睡衣，换上家居服，宣告这一天的奋斗开始了！虽然在家里不需要刻意捯饬，但我总是穿戴整齐。这点美国的主妇们做得很好，就算是去超市买菜，或是在院子里种花，也总是光鲜亮丽，手脚指甲修得美美的，身穿休闲风格的家居服饰，搭配首饰、鞋、包，轻松舒适却不“黄脸婆”。

捯饬给谁看呢？给自己看！英文片语里，“振作”叫“pull yourself together”，这个词儿很形象——把零乱散漫的组件拼装好，就是振作。这是一种“心理暗示”，换衣服这个简单的动作，仿佛是“上发条”一样，有很好的振奋效果呢！

成套的运动服饰就是不错的选择，质料柔软，久坐案头也不会觉得憋闷，偶尔来个邮差或快递，开门见客也不失礼。而颜色也是我很重视的，我喜欢鲜艳明亮的服饰，不但能提振工作情绪，也能让素颜显出好气色。

学习做时间的主人

SOHO 族的好处是每天多出许多时间，早上不必为了搭配服装而伤脑筋，更省下了通勤时堵在路上的时光，这些节约的时间可以做很多事：

补眠、运动、阅读、陪伴家人……然而，没有人在一旁督促，时间很容易在不经意间流失了，因此，“时间管理”对 SOHO 族来说尤为重要！

当我还做上班族时，在美国的大企业里担任设计主管，除了肩负管理的职责外，还要同时负责部分的设计工作，而我本身的工作室也有业务需要兼顾。在这样的情况下，结算一年的工作量是 273 件专案，相当于一般设计师 176 个专案的 1.5 倍，我同时还陆续创作了数百幅数位手绘作品，在江湖间因而得到 “快手”的称号。

我的秘诀是什么呢？就是做好计划，依照事情的重要性分出轻重缓急，依序完成，在工作的过程中，不断要思考：有哪些资源可以运用？什么事情是可以合并在一起，同时完成？同样的事情有没有更加简便的方法？此外，加强专业技巧，可以让我减少尝试错误的耗损，更加有效率。

另外，不管专案的期限是多长，我宁可早早完成了，预留时间来修改、完善、应对可能发生的各种变数，也不愿在前期拖拖拉拉，等到期限将近才动工。这样，一方面作品的品质会更加细致；另一方面，多出来的时间可以接手更多的案子。

日子过得规律、简单却充实，便能享受到“自由”所带来的好处，也

周心怡设计作品

才能体会什么是“从容自信”——早睡早起，让积极运作的大脑在睡眠中得到充分的休息，体力得以更新，疲劳彻底消除，早上也就不必赖床。在自家的院子里悠闲地喝杯 wake-up coffee，为眼前新的一天酝酿愉悦的心情，清新的阳光、空气，给我清晰的思路和抖擞的精神，这时工作特别有效率。

下午通常是机动性的。各种公、私约会通常安排在午后。台湾知名的“媒体教母”余湘就是如此，她的应酬和会议全都安排在白天，晚上的时间留给自己、留给家庭，这样可以避免无谓的忙乱。所以“忙”，不是成功者的必然，妥善安排时间，便可以享受时间！

保持走在最尖端

在家里上班纵然避开了严苛的老板、不投缘的同事，可是独自作业的时间长了，很可能因为缺少竞争和进修而与潮流脱节。 SOHO 族又以创意工作者居多，闭门造车容易造成作品的狭隘，失去市场竞争力。因此要让求知的“天线”随时保持敏锐，特别是专业所需的知识和工具——电脑软件日新月异，要跟得上升级的脚步。

不管你正 SOHO 着，还是梦想着加入 SOHO 行列，但愿这一点心得分享，能带给你建设性的帮助。

让我们看海去！

最近台湾的文艺界传出令人错愕的消息——有“东方画姬”之称的插画家德珍，在工作中猝逝了。根据推测她是因为工作过劳，才会在38岁生日的前夕，趴在一桌子的图稿上，永远睡去。得知这个新闻，除了惋惜画坛失去了一位才女，也让我反省自己的工作方式是否安排得当。同为创作人，我非常能体会那种鞠躬尽瘁、死而后已的执着与专注，一旦投入画里的世界就很难从中抽离。我每天有10多个小时是坐在电脑前面工作、画图，每晚都是坚持到视力模糊了才肯罢手，肩、颈、手腕也常常僵硬酸疼。根据医学报道：每天使用电脑4～6小时，3年后罹患癌症的机率会增加26%。我心里有些不安！妈妈也总是在我耳边嘀咕、叮咛，要我注意休息、劳逸结合，免得累坏了。

妈妈提议一起到海边走走。离家不远处有几个知名的海滩，是我休闲时最喜欢的去处。近年来南加州的气候似乎有了变化，到了八月份了都还不热，早晚甚至还有些微凉。这样的天气到海边倒是挺不错，柔柔的阳光洒在发上、肩上、脸上，蒸散了烦恼；清凉的海风轻轻吹拂，送走了忧闷和疲劳；一望无际的碧海蓝天，开启了我无限辽阔的想象空间，给予我潮水般丰沛的感动……

这个周日的午后如水晶般清澈、透亮，闪耀着愉悦的光芒。海水被阳光染成宝石般的湛蓝，而小径两旁的植物，宛如翡翠玉石与红宝石，镶嵌出一路的璀璨，明亮的色彩教人心旷神怡，感觉真是舒畅！这里是有名的拉古纳海滩（Laguna Beach），每年夏天，世界各地的游人汇集到这里，这里不仅是戏水、消暑的好地方，更是浅水冲浪者举行盛会的最佳领域，因为浅水冲浪就源自这里。当年当地的救生员就用木板来玩浅冲，浅冲用的冲浪板较短，主要是在岸边的浪头上玩，玩法和冲浪类似，但简单易学，也更加安全。

这儿也是很棒的度假胜地，我想，喜欢看美国电影或影集的人对它一定不陌生。拉古纳海滩落日的光辉充满着朦胧与神奇，散发出一种与众不同的魅力，让人情不自禁地想到这里一探究竟。同时，拉古纳海滩也是以艺术家聚居而闻名的海滩小城，市区里随处可见拥有艺术家气派的画廊和艺术展览馆，在这些地方除了自己创作，更有可能看到大师们的艺术作品，一路上画廊林立，还有在沙滩上穿梭的人群，让我的心情也跟着轻松了起来。

Montage是这里依山傍海的一座休闲度假馆，建筑的位置好极了，背后有高山作屏障，俯瞰太平洋，居高临下地环顾着周边的美景，是很美的感受。这里精致的庭园，还是许多人梦想在此举办婚礼的昂贵场地呢！我们到访的时候正好有一个婚礼正在预备，白色的布置配上蔚蓝的大海，显得特别浪漫，来到这里的新人们，总能在天堂般的海滨度过最理想的蜜月。

修剪工整的球场、泳池都是极其完善的设施，海洋和礁岩傍着浪涛声，使自然与人工之美形成有趣而和谐的对比，在这里不论是迎接晨曦，或是在月光下徜徉，都是浪漫至极的享受。

在海边的步道上悠闲地走着，凝望远方，缓缓伸展，深深吐纳，尽管没有太激烈的运动消耗，但我能感到天地精华随着呼吸在为我转换能量。“充电”后，神清气爽的我又是战力十足啦！有句话说：休息是为了走更远的路，就像跑长途的汽车需要更细致的呵护和保养，否则欲速则不达，过度耗损很容易在到达目的地之前就抛锚了。好的时间管理是要能劳逸均衡，工作时认真投入，不要一心二用，浪费时间；更莫忘了休息和锻炼也是同等的重要，这样才能事半功倍，做个健康、快乐、高效率的超级宅女吧！

人要生动地活着

“生活就是生动地活着”——这个概念是我家的集体思维。只是在实际的情况里，爸爸偏重于“动”，而我和妈妈则钟情于“生动”，因为爸爸的退休生活几乎是各种运动的集合：二十多年前从在台湾的时候开始，他就风雨无阻地每天快走一小时，退休后来到美国，他一样持续，现在还有固定的球友打乒乓或羽毛球，加上到健身房跑步，一番汗流之后就在社区的泳池里游泳或享受SPA。

他在这方面的毅力很让我们钦佩，只是我完全没有感受到“动”对我的呼唤和吸引力。自从前些日子，因为肌腱发炎造成手肘疼痛之后才有了一点觉悟，我开始留意我生活的环境，原来有那么多让人“动”的条件，还真有一些身在福中不知福呢！

南加州在美国是个阳光丰沛的地区，而我居住的橙县尔湾更是个美丽的城市！据说在七八十年前，由于北加州大地震后，有一个家族来到这里骑马圈地，把所到之处都买了下来，并以家族的姓氏“尔湾”来命名，从此，这个城市就在家族严格的规划下开始建设。

起初他们满山遍野地种着橘子树，听早先的居民说，每到刮起风来，满城都是橘花香。三十多年前，这个家族以一美金的收费捐了好大的一片土地创办了加州州立大学尔湾分校（UC Irvine），这所州立大学的医学院很有名，还出过得诺贝尔奖的人才。

城市的整体设计也很有讲究，治安方面更是严格把关，因此多次被评选为“全美最适合居住的城市”第一名。每个社区都围绕在高大的树林里，大片的公园、泳池、球场以及专供人步行的道路……这些，忽然在我眼前生动了起来！这种生动和我与妈妈原先钟情的生动不太一样，它是一种静态的动。

我喜欢画画，这是来自于妈妈的遗传，因此我们总是能将心灵中的色彩，涂抹在家中每一个共有的日子里。带着会心的欢喜和交织而成的生动，让时不时的那点灵犀相通，将惊喜展现。总觉得这种律动是经营温馨生活的要素，所以，我总是经常和妈妈一起激发创意。凡是与“美”有关的，都牵动着我们的神经——不论是服装的配搭，还是室内室外的星星点点都借着颜色来铺呈灿烂。即使是在饮食上，可以用颜色调配的变化，也是趣味无穷。

你看，装在透明杯里的清水，加上小小两片鲜嫩的薄荷叶，那么微小的绿意也能引得山涧小溪里那份清凉流入心间；每天一份以西红柿和红萝卜榨成的汁来熬煮的燕麦片，是我们家喜爱的一种早餐，加上紫色的地瓜，配着用烟熏三文鱼片包裹着的芦笋条，总是有满满的红、绿、黄、白、黑来满满地滋润着体内的心、肝、脾、肺、肾。一份心思孕育一份情怀；一种灵动，闪现一片斑斓；一种创意，呈现一个精彩。若用心灵的眼睛去看我们生活的空间，会发现有太多的人、事、物可以用颜色来想象和感受其中的奥妙。

但是，我也发现不论多么鲜丽的颜色，都需要好的调配才会更美。同样的，不论多么单调不讨喜的颜色，如同平凡的生活，只要调配得宜，就变得丰富了！这样的认知，不只让我不断地画画，也让我不断地发掘生活中的生动。这样看来，“生动”就是生活的提升与享受吧！

“动”像音符跳跃，“生动”就像唱出来的旋律，在生活中萦绕流淌，自在不放任、轻松却有序，应该是很美好的追求、很浪漫的态度，以及很真实的体会！

调对生活的面，才有舞动的奇迹

日本人曾做过一个研究：他们让人分别待在不同色调的房间里，欣赏相同的音乐，结果产生的心理反应竟然大不相同，可见色彩中那看不见的影响力有多么大。

知名画家丁绍光先生是影响我放弃新闻工作

茶香

走入追求艺术领域的前辈。记得那年我还在台湾的电视台新闻部工作，公司让我采访正在开画展的丁先生，我才有机会欣赏到他的大作：云南画派特长的活泼生命力、绚丽丰富的色彩，以及鲜明的线条。我虽从未去过云南，也没有钻研过重彩画，却很奇妙地从高中开始，就偏爱这样的表现方式。想起身边总有人对我说，我的画有云南重彩画的神韵，尤其是画作的气质和丁绍光先生的风格有些神似。我像初生之犊，竟然大胆地向他提及别人的这个观点，于是有了再次在美国向他请益的机会。

他看过我的画之后建议我全心走画画的路。我记得他称许我的想象力丰富，尤其色彩感强烈，认为我对于色彩有一双独到的眼。他指着一面墙对我说：不要以为你看见的墙只是一片白色，要仔细地分析，因着光影造成的变化和里面所包含的细微层次，就会发现：看似纯白的白墙，里面还隐藏着许多丰富的色彩。

或许他只是与我探讨色彩的观念，我却对自己道路的选择有了启发：原来生命的光彩也不会只有一种颜色，人生的道路也不是非要一成不变的，可以像画画一样选择不同主题、结构，加上浓墨或淡彩，只要认真落笔铺呈，就会有一幅包含多层次境界的新画。

想起读中学时的那六年，我的日子是一片黑白，为了竞争激烈的升学考试，我就读的私立学校是有名的严格，学校暗地里把美术、音乐、体育等等艺能课都换成英、数、理、化，从早到晚不停地考试、打手心……那些恐慌的记忆还常在现今的梦中出现。那时每当熬夜的时候，我面前的那面窗就像舞台上的黑幕，上演着幻想中的各种场景：我想象着有美丽的仙女来带着我飞，飞到好远好远，远到没有考试的地方。当时虽然没有机会也没时间学美术，但是，想象中的图腾却一直不曾消失；我也不断地在计算纸上涂鸦，写下当时的心情写照。一些类似强说愁的小诗和充满遐思的文字，看似一个小女生的纸上游戏，却被当时为我整理书包的妈妈发现，而私下收存起来了，如今成了我成长过程中珍贵的纪念品。看来，那时的我已在潜意识里使用色彩转换压力，用文字调节情绪，让自己走出空洞的黑白，也为自己无心插柳般地种下绿荫。

有了这些经验，我将生活当成调色盘，无论什么光景，都运用颜色调和。例如感觉心情低落时决不会穿暗色衣服。冥想中我爱用心设想造物者如何以颜色呈现手所画出的宇宙：那蓝天白云、红花绿叶、虫鱼鸟兽、四季变换……无一不是绝佳的色泽组合，任你如何沙盘推换都不会那么整体协调！想想，谁还能说天地没有主宰？有没有一位高明的设计师，他借着万物向我们说话？

《圣经 · 罗马书》第二章二十节说："神的永能和神性是明明可知的，借着所造之物就可以晓得，叫人无可推诿。"

因此，人一生中的明亮或阴暗，或时而的绚丽或平淡，何尝不是色彩的韵律、考验的试题？该思想的是：如何面对并使用那些深藏在人内心深处的色料，来更新感受或涂抹陈旧啊！

我们都是活在这变幻莫测的色彩空间中，要先认识生命光亮的源头就是起"点"；再去追求"正确"的延伸成为"线"；学习让生活的"面"调对颜色，才有舞动生命的力量和希望的亮光。因此不妨在忙碌困顿或寻找方向的途中停一停，看一看，听一听。一个转身，也许就会是一个新生、一片锦绣呢！

琴韵寄情

心曲

软腕翻复转，三弦指下多惆怅。
一曲万重情，疾似骤雨夜敲窗。
幽思托琴韵，启齿和泪娓娓唱。
知音今何在，吟罢衷曲谁人赏？
缱绻情难尽，唯留余韵长绕梁。

第贰章

内心的喜乐才是真满足

心怡，怡然自得

人和人之间最先的接触，一般都从名字开始。每一个人名字的由来，也或多或少地包含着一个起初的故事。受诗词的影响吧，我很喜欢推敲人的姓名，尤其是中国人的名字，往往比诗词还要精练，二到四个方块字就透露了名字赋予的深意和境界：有些是代表家族历史的传承，有些是父母对孩子一生的期许，有情感的浓缩，有人生的梦想，也有生活的意念。

我对自己的名字曾经很有看法，小时候总是抱怨妈妈给我取了一个“菜市场名”。因为“心怡”这两个字太普遍了，一点也不超凡脱俗！尤其没有琼瑶小说中那些梦啊、雨啊、风啊、竹啊那般缥缥缈缈的仙气。妈妈可不服气了，她说她是极其慎重地翻阅字典，一口气选了三个意义相同、字型相似的字，并依序排列——心怡、心恬、心恺。结果恰如她所愿，我、妹妹和弟弟居然也就照着她排列名字的顺序出生了。

怡、恬和恺（愷），从字形上来看，都有一颗心加一个口，妈妈说，这代表了真心和善心，还有诚心（心口合一）。而三个字都有着类似的意思，就是愉悦、平和、洒脱的意思。因此从名字上理解，爸妈对我们三个孩子

的期望是要我们力争上游，却不要汲汲营营；要我们端正高尚，而不要追求浮夸和虚荣；无论出于顺境或逆境，都能不卑不亢、怡然自得——也就是 IQ（智慧商数）、EQ（情绪商数）、和 MQ（品德商数）三者并重。

这样的人生观来自于妈妈的职业。她担任了二十五年教师的工作，年复一年看着一拨拨孩子在成长的过程中，除了为考大学而拼搏之外，不关心别的事，知识对他们来说，仅仅是填写考卷时的标准答案，而不是落实在生活中的实用宝器；人际关系互动寡少，进入社会以后缺乏实际的处事能力。在强压之下，许多孩子的情绪找不着出路，走上极端的例子也不少，令人惋惜。因此，早在“素质教育”这个名词发明以前，妈妈就已经率风气之先，没有强逼我们非要考取第一志愿不可，因为人生有太多的事比文凭更加重要。

其实古人八岁入学，首先教育孩子：洒扫、应对、进退。洒扫，就是家务事，应对进退，则是待人接物的礼节。生活中的小节都处理得妥当，养成良好的纪律与习惯，不管反映在任何事情上，都会懂得提纲挈领，有条理、次序和分寸，且能自动自发、自我节制。因此我们从小读书不需要大人三催四请，我的妹妹和弟弟都考上台湾的第一学府，而且从未补习；长大了，面对高度竞争的职场，我们知道如何积极向上，并与人和睦相处。

而孔子将“礼、乐、射、御、书、数”，合称“六艺”。礼，主要指德育，“不学礼无以立”，是外在的彼此相敬；乐，是内在的美育熏陶，使大家彼此相亲；射，射箭，御，驾车，两者合起来就是体育和劳动；书，各种历史文化知识；数，数学。用现在的话讲，大体上就是要德、智、体、群、美全面发展。看来孔老夫子是最早提倡“素质教育”的专家呢！来到美国之后，发现这里的教育方式，更加体认到五育均衡所教育出的孩子很快乐，长大以后思维更开阔，发展更全面。就以升大学这一关来看，美国的孩子申请大学，不单看学业成绩，若是在才艺上有特殊成就，或是积极参与社区活动，具有领导者的潜质，就都是名校欢迎的对象。你看在 NBA 球场上叱咤风云的华裔新星林书豪，不就是因为在体育方面有杰出表现而进入哈佛求学！我甚至曾听说一个朋友

的孩子，因为在学校组织中国麻将社团有成，将麻将当作具有益智价值的文化活动，而受到常春藤名校的青睐。

妈妈的“素质教育”也讲求德、智、体、群、美五育并重，让我们在身、心、灵三方面都有均衡的发展，在清楚严格的原则规范之外，给予我们充分的自由去发挥所长，以鼓励赞美代替责罚，使我们从小就比较自信。

当然在成长的青涩岁月中，也曾遇到解不开的烦恼，妈妈总是在她上班、我们上学的途中，陪我们谈心。她用轻松、幽默却带着深刻智慧的话语，为我们排忧解难。大家说我 EQ 高，其实，“沟通”使我们心头的压力有了抒发的管道，直到现在我们还是保持和父母谈心的习惯。这些乐观积极的观念也从少年时期就深植心中，成为价值观，引导了我们对事情的看法，面对生命中的高山和低谷，都能心怡然、心恬静、心恺悦。

知道了父母取名时的良苦用心，渐渐地我也喜欢我的名字了。不过，当我需要一个英文名字时，我可是非常特意地为自己选了一个既响亮、优美，又有个性的名儿。

明天是美好的天

初中的时候，我看了《乱世佳人》这部电影，对剧中那个勇敢、漂亮、痴情、任性、聪明、充满斗志的思嘉，在心中留下鲜明的印象。于是在那个充满幻想的人生季节里，我给自己加了一个英文名字，就是思嘉(Scarlett)，字面的意思是“红”。

到如今，这名字与我如影随形，它给了我对美的向往，对红色的情有独钟，对理想的追求态度。也因为影片里最后的那句话“Tomorrow is another day（明天又是另外一天）”，给了我面对困难不要灰心的信念。

这和我的信仰一样，让我的心态保持豁达。许多朋友问我：看你博客里所记录的生活、你的画，总是那样色彩缤纷，你仿佛没有烦恼？其实，这世上谁能没有点烦心的事儿呢？但凡一件事上了心，对于得失就不可能心如止水，无牵无挂。但是在我有了基督的信仰之后，帮助我认识了属灵生命里的平安和喜乐，更多地明白是谁在掌管我们的明天。不管今天是累了、渴了、伤了、痛了，选择无忧无惧的态度，去学习生活，带着喜乐与感恩睡去，当明天的太阳升起，谁知道不会是一个新的契机呢？

《圣经 · 马太福音》六章二十七节说：你们哪一个能用思虑使寿数多加一刻呢？

《马太福音》六章三十三节说：你们要先求他的国和他的义，不要为明天忧虑，因为明天自有明天的忧虑。一天的难处，一天当就够了。

《腓立比书》四章四节：你们要靠主常常喜乐，我再说，你们要喜乐。

信仰给予我对生命最大的认识就是“安息”，安息是一种来自于神的力量，它不是靠人的安排给自己拥有某一天精神的放飞，而是对神的信靠产生信心的交托。相信神就是爱，是爱的神做我们一生的牧人。因着祂以祂的全有、全知、全能来一路引领我们，何来惧怕？何来忧虑？所以能靠主喜乐，并且常常喜乐！

想起从郝思嘉那里的一点启蒙，好似一滴甘露，到今天，走在信、爱、望的生命旅程中，乐享生命活水。而我名字里的精意，也正是如此地一脉相承。我相信带着这样的期许、祝福与自我的向往，我会一生在阳光中快乐地行走！

兴趣：I can’t wait!

单位的美国籍主管要退休了，惜别欢送的餐会中大家问他：离开了深爱的工作岗位，会不会感到失落？

这位满头白发却精神奕奕的绅士一派潇洒地摇摇头说：“一点也不！从明天开始我要先带太太搭游轮去加勒比海旅行，还答应要教孙子钓鱼，我还要和老友们到山上摄影，并且每周一次到社区医院担任义工。这些事是我从年轻时就想做的，我担心时间不够用，退了休，反而会更加忙碌呢！”

他缓缓啜饮了一口红酒，笑着说：“I can’t wait!”

是的，让我的退休主管脸色放光的，正是他一路培养的“兴趣”。这让我想起在美国的华人超市门口经常有往返赌城的“发财团”专车，搭乘的都是华裔老人。他们一早搭车到拉斯维加斯，赌场发给他们盒饭和一些零钱，让他们坐在吃角子老虎机前面玩一整天，借以消磨漫漫长日，傍晚再搭原车返回，如此周而复始地挨着日子，看着真有些落寞和凄凉。

亚洲人一般比西方人怕老，与其说西方人比我们懂得享受人生，不如说我们没有早一些意识到培养自己兴趣的必要性。

美国人的教育重视均衡发展，从小就把培养兴趣当成一件很重要的事——艺术、体育、手工艺、收集、社区服务……每个人几乎都练就十八般武艺。每到假日，会看到女人在厨房里烤美味的糕点、裁衣缝纫，男人则会在车库做做木工，或是修理电器，不论事情的大小，总是让生活变得多姿多彩，饶富滋味。

兴趣，真的是一个人终生的良伴！它可以在独处时陪你度过寂寞，也能增进同好之间的情感交流，让日子丰富。然而在亚洲的文化认知里，觉得读书求功名是第一要务，从小家长就要求孩子一门心思读书、考学，即使是学习才艺，也都带有目的，因此孩子多半是听从父母的安排。我的学生里就有许多是这样的，为了栽培孩子，父母可没少花钱花心思！课外的时间都安排得满满的，有时还要赶场，结果孩子上课时会累得打瞌睡，回到家也没有时间演练，所谓贪多嚼不烂，当学习变成一件苦差事，反而把乐趣给磨灭了。到了可以自己作主时，多半就不会再继续，一项可能发展为嗜好的才艺也就荒废了。

等到进入职场，或是走入家庭，就更不可能分心从事“兴趣”，一旦退休，或是孩子大了离开身边，失去了生活的重心，便茫然不知所措，这时候才想到要培养个兴趣已经为时晚矣！

成长过程中，我是个“花样多”的孩子，从小就对很多的事情好奇，而我的父母总是给我最大的支持，并且理性地引导我。

最早的兴趣就是画画。脑海中最早的记忆是约莫两三岁时，我已经可以画人物了，还记得画了一个身穿绿衣的女孩。外公看到了，赞叹有加，立刻寄给在外地工作的爸妈看，我还因此得到了一盒彩色铅笔。每到周末，爸爸会带着我和妹妹，背着画板到郊外写生，从事服装设计的妈妈给我大量的阅读材料，大部分都是国外的服装画报，那一个个美丽的人物插图比洋娃娃更吸引我。

爸爸领着我集邮，妈妈则是带我收集书签，一幅幅美丽的画作从那时就充满了我小小的心灵，给我很多美感的启发。

我也喜欢阅读，尤其喜爱各国的民间故事和百科全书。儿童时期记忆力强，许多知识可以过目不忘，直至今日都还深印在脑海里。阅读也让一个孩子能够静下心思，优游于想象的世界。

妈妈从不吝惜给我们买书，但她决不一次买一整套，她会一本一本地买，读完一本，再去买下一本，用这种方法来刺激我们求知的渴慕与阅读的积极性，每一本书都是确确实实读完，也都确确实实地吸收了。

等我长大了一点，妈妈就将绘画和阅读两种爱好做了一个组合。她为我们订阅了台湾知名的儿童报纸《国语日报》，每天要求我们要读报、剪贴，并要眉批、写下文章的大意和读后心得，再配上插图。在这样的练习之下，这两种兴趣发挥了加乘的效果，同时还加强了写作、归纳整理、引申思考的能力。日后不论是读书或是工作，我都能很快地提纲挈领抓重点，事半功倍，甚至让我在新闻采访、制作博客时都驾轻就熟，这都归功于当

时的训练。

当然，我也曾因为升学的压力，不得不放弃一些喜爱的事，比如音乐。我学过几年的古筝，但是因为课业繁重，无暇练习，到了高中就无法再继续，不过对音乐的喜好却是深藏在心。在后来的日子里，我能懂得如何聆赏，让音乐之美陶养心性，虽然不能直接演奏，“欣赏”的乐趣也丝毫不逊色。

喜爱音乐的种子埋在心里，前几年又因为学习美声演唱而再度萌芽，重拾年少时的爱好。因此我常建议当父母的朋友们，学习才艺要考虑天赋、志向，不见得每一个孩子都适合学画画或学乐器演奏。每个人的路不同，若非走专业路线成为画家或演奏家，会持续走追求之路的人不多。但不论从事何种行业，都有机会鉴赏艺术，让艺术之美充实生活，因此从小培养艺术鉴赏力更加实际。

我比别人幸运！进入社会后的几个工作都是我感兴趣的事：喜欢旅游，于是做了航空公司的空乘人员，每一次出任务都像是一场浪漫的冒险；喜欢接触新鲜事物，于是我成为电视记者，每天迎接快速而激烈的挑战，深度了解事件与人物背后的真相；喜欢画画，于是我选择了绘画和设计当作我的终身目标。

很多人问我："能画出这样的作品真是不易！更难得的是你能坚持，这是一条艰辛的路，你不累吗？"当工作与乐趣结合，工作即娱乐，永远不嫌累、不怕苦，不管我人在哪里，身边有没有人陪伴，心情是高昂，是低落，我都能透过那一方电脑荧幕，进入无边的梦幻世界。这种满足感非金钱能衡量！因此，如果环境许可，选择职业时真该把兴趣放在利益的前头，能为理想而燃烧的人是非常幸福的！

同样的，如果能找到志趣相投的同伴，也是莫大的福分。不论是哪一种人际关系，没有共同的话题和关注的事物，维系情感事倍功半；有了相同的兴趣，无形中就拉近了距离，情感的共鸣能常保新鲜。在美国的朋友间，惯例是以夫妻为单位，彼此联谊。太太们学唱歌、学画画、定期相约下午茶，先生们则是一同打羽毛球、钓鱼，然后双双对对定期聚会，一同旅游、餐叙。似乎因为这样，在美国的外遇事件不如在国内那样稀松平常。

我和妈妈就是很好的同伴。对于美好事物的热爱，让我们无话不谈，沟通无碍，没有一般母女间常见的代沟问题，更多的是理解和默契，拥有共同的兴趣，使我们不但是至亲，也是难得的知己！

读者从博客中看到我的生活，觉得是五光十色，充满变化，其实只是因为我有多种兴趣，并且不局限自己去体会新的事物，借由尝试，开发新的喜好。就如同宝石一样，切面越多，光芒越灿烂；喜好越多，会激荡闪耀更多的青春光彩。当一个人对新鲜事物失去探索的兴致时，意味着老化的开始，也意味着逐渐退步。作为一个艺术工作者，我期许自己不仅是将色彩渲染在画作上，也期盼把自己的人生绘得精彩、绚丽，更愿将这份乐趣分享给每一个人，让我们都能满心喜悦地咏叹：这就是生活！

成功属于敢梦想、肯实践的人

成功是吸引人的，但是成功者们迈向成功的过程更是我关注的，尤其是在困境中没有良好学习机会的成功者，在今天普遍贫富不均的社会形势下，这些人的故事就有一种带着激励和启发作用的力量。

可可 · 香奈儿（Coco Chanel）

可可 · 香奈儿是当今时尚界的传奇女性。法国的前文化部长曾说，20世纪法国将有三个名字会被永远纪念，那就是戴高乐、毕加索和香奈儿。

但是这位成功的女性的童年却是十分辛苦。

她出生于法国南部一个贫苦的家庭，五岁那年母亲因肺病病逝，父亲又抛下孩子神秘失踪。十几岁的时候，香奈儿开始在一家针织店当店员，同时她也在一间酒吧里驻唱，美丽又有企图心的她得到不少贵人的追求与帮助。25 岁，她在巴黎开始了自己的设计生涯。

虽然没有受过正统学院教育，她却凭着自己敏锐的时尚感，为当时的女性设计了优雅简练的裤装、小黑裙，还有斜边及铜制纽扣修饰的无领夹克，这些至今都是最顶级品味的代表呢！

沃尔特 · 迪斯尼（Walt Disney）

迪斯尼乐园是很多小朋友向往的天堂，其创始人沃尔特 · 迪斯尼为无数儿童打造了梦想王国，但他的奋斗之路却一点也不梦幻。

小时候他在农场里长大，没有玩具，只能在草稿纸上涂鸦。他的妈妈发现了儿子绘画的天赋，给他买了一本画册。受到鼓励的小沃尔特，整天追着农场里的小动物临摹，越画越好，于是沃尔特很早就立志要成为画家。

在他 16 岁的时候，美国卷入了第一次世界大战，满怀理想的他辍学离开家乡，开始他的追梦路程。他尝过不少的苦头，做过棺木打蜡员、送过牛奶、给教堂画过画，又不断地在求职途中碰壁，加入军队也遭受拒绝。好不容易在一连串的低潮之后，他创造了“米老鼠”这个角色，才开启了他的事业。

22 岁的时候，他和哥哥筹了 3200 美元创业，成立了“迪斯尼兄弟动画制作公司”，这是今天迪斯尼娱乐帝国的开始。而这位勇敢追梦的青年，也把那种不怕困难、勇往直前的精神，借着可爱的卡通故事，传递给一代又一代的孩子们。

史蒂夫 · 乔布斯（Steve Jobs ）和比尔 · 盖茨（Bill Gates）

很多人会羡慕史蒂夫 · 乔布斯和比尔 · 盖茨的财富，他们是当今世界电脑两大超级巨头——苹果和微软的创始人。巧合的是，这两位

创始人都没有完成大学的学业。乔布斯在就读大学半年后就辍学了，而盖茨也是只在大学待了两年。

尽管没有一纸文凭，这两位传奇的企业家却有一个共同点，就是敢于做凡人不敢做的梦，并且努力使梦想成真。大学或者可以教给学生们成功所必需的知识，但成功的特质，确是要靠自身的领悟和坚持。

台湾知名的卤肉饭连锁店“胡须张”的董事长曾经说过：学历只是参考书，而实力才是保证书。

学识固然很重要，没有知识为基础，会相对付出较多的努力和代价，但真正的成功，还是属于敢梦想、肯实践的人。

内心的喜乐才是真满足

在科学家的眼中，快乐只是大脑中的一种化学物质——多巴胺的反应。追求类似奢侈一般的快乐，就是追求多巴胺带来的快感，快乐之后就是空虚，然后人就不得不要求更多的快乐来填补，最终的结果一定还是不会因此获得快乐。有鉴于此，美国斯坦福大学的一位医学博士伯恩斯，也是著名的心理学家、心理认知疗法的创始人，认为应该用“满足感”替换快乐，同样是刺激脑部产生更多的多巴胺，但是满足感能更为恒定持久，而且让人生变得不同。

然而，什么是满足呢?

身为基督徒的我，认识人本来的生命是不会真正满足的，在欲望追逐的过程中，当现实得不到预期的希望时，很容易就失去了平静安稳。但是基督徒有一种学习是可以随时靠着神话语的帮助，而获得超越环境的力量，这是因为基督徒有一个从神而来的新生命，这个生命的特质在于能从不同的价值观和人生观，得着属天的喜乐和平安。

人需要的是内在喜乐的生命，而不是外面短暂快乐的麻醉，因为奢侈

凤仪

并不能让人永远快乐，这样的快乐却是非常奢侈的啊！香港艺人郑秀文曾在受访时谈到她因得着这个新生命而有的喜乐见证。她说自己十八岁时，就因推出第一张个人专辑而崭露头角，其后成为歌坛及影坛天后。活在人群簇拥中，渐渐地她迷失了自己，迷失在物质和虚荣的世界里，跟随别人的价值观走，用尽力气追求物欲。那时的郑秀文，是许多品牌的大户，而她自己本身更是时尚的指标。郑秀文表示："以前，自己是名牌盲目的追随者，用一身的 label(品牌标签) 想遮盖身上的赘肉，其实是想用 label 遮盖自己的不自信。"

为了工作，她可以一周不眠不休地鞭策自己向前；为了减肥，曾经七天之内只吃两个苹果充饥。那时的她虽然拥有名利，但是并不快乐，只觉得一切的努力或许可以建筑自己的生活，但却一点不能满足她生命的真实需要，她觉得生命应该有更高尚的价值。当极度痛苦时，她来到上帝的面前，在上帝的话里她找到了明确的方向和定位。

信仰帮助曾经酷爱用名牌来掩饰的郑秀文走出了人生的低谷，她选择做回自己，因为她说她认识到"自信不是来自身上的牌子和价目，而是人的个性本质"。

现在对于服装，郑秀文表示，她的态度就和她的心情一样，海阔天空、挥洒自如。郑秀文说，自己的穿衣风格就是舒适、自在。平价的衣服她当然会穿，有需要的场合她并不抵制名牌，但会认真考虑而且认为应该穿出一种自我的风格。

从事设计工作的我认为，这是很关键的学习，不论什么时候，善用巧思和创意而得着的欢喜会更大，生活也会丰富而多彩呢！知名品牌的本身确实是一种品质的体现，但未必适合每一位喜好者，借着欣赏好的设计来提升自己的品味，展现个人独有的构思会更有生活趣味，价廉又物美才是购物"达人"哟！而且节俭和量力消费是中国人传统的良好思维，不论自身财力有多富足，都应该保有这种美德。

用爱拼出蜕变后的彩翼

“自闭症”这个名词对我来说，曾经是既熟悉却又陌生的，尽管经常听到，甚至也常常误用，但直到认识王冠雄老师和他所创办的“BEP 优质大脑计划”，我才对自闭症有了进一步的了解。

说起王冠雄老师，他曾是台湾的金马奖影帝，是无数影迷心目中的大侠，也是台湾红极一时的“社会写实片”的代表人物。此外，他曾连获三届台湾武术冠军，并且因为冒死奋勇救溺而跻身“十大杰出青年”的行列。但在他影艺事业登峰造极的时候，王老师急流勇退，开始他更远大的人生追求。其中，对于自闭症（孤独症）的治疗，是他这些年来最专注的投入，也广泛得到主流的肯定与推崇。

太多人好奇，一位叱咤一时的荧幕巨星为了什么转换人生舞台？王老师常常说，这是一件非比寻常的事，他在这些孩子身上看到了 awareness（觉醒）。当一个个孩子在大脑功能得到改善之后，慢慢“回神”，重新找到自己，找到未来，这种喜悦让他忘记了康复过程中所有的辛苦，甘之如饴地为这些孩子们奉献、燃烧。因此，当自闭症儿童家长所组成的“自闭症症候群及学习障碍关怀协会”（ASD Care Network）邀我为协会做个 LOGO 时，我认真思索怎样用图像来表达协会的精神与展望，第一个跳进脑海的字眼，就是“蜕变”。

我在他的工作室里，有机会近距离地接触自闭症孩童，看到一个曾有自残倾向的孩子，经过不到两年的悉心治疗与改善，效果竟然完全颠覆我对自闭症原本的认识。十四岁半的他表现得那么活泼开朗，不但在电脑程序设计上展现出超乎常人的优势，应对进退也从容自若，充满幽默感，与人交流时，反应快得可以主持脱口秀。他的母亲欣慰地告诉我，儿子现在不但懂得替别人着想，还懂得自省，也会时不时自我调侃，幽自己一默。看到他从一个无形的、孤立的小小囚笼，开始走进群体，融入社会，我除了为他们一家感到高兴，也深深为之感动。

王老师指着他工作室桌上的风景画、一张由数千片拼图所组成的花园说，我们的脑子就像拼图，但当神经回路的功能失衡，失去了正常统合串连的能力时，呈现出自闭症和学习功能不足的症状，就像这几千片拼图中失落了一块，花园的图案再美也不完整。而在各方面成绩斐然的他，这些年来却专心致力于一件事，就是为这些有需要的孩子找到那片失落的“拼图”。

他说，大部分自闭症儿童是在两岁半至三岁间因为异常而被发现，这些一至三岁婴幼儿在快速发育成长的阶段，脑细胞无法得到血液中足够的氧气与糖分而造成了自闭症。他创办的“BEP 优质大脑计划”就是以有效的方法，全面性改变自闭症患者脑部整体的生化状态，提升大脑新皮质层神经元细胞的能量位阶，增进神经网路串联与统合的能力，也就是所谓的“后天优生学”，为许许多多的孩子拼出一幅幅完整而美丽的人生画卷。

王老师还说，现在自闭症的比例为 1∶88，是世界上人数增长最快的严重性发展缺陷！被诊断为自闭症的儿童人数，远远超过糖尿病、癌症及爱滋病确诊病例的总和！这是一个警讯，意味着自闭症将如癌症般，归类为“预防的疾病”。

心宽天地宽

想到自己曾经因为对自闭症知识的欠缺而心生畏惧、不敢靠近患者，而给予关心“BEP优质大脑计划”以及“ASD Care Network”让我体验到：真正的“关怀”是从“了解”开始。据统计，全球有3500万人患有自闭症这种神经系统疾病，每156个美国儿童中就会有一人患有自闭症；在中国大陆，自闭症儿童占总人口比例也不低。台湾的统计也显示：有身心障碍的人中，自闭症的增幅高居第一。幼吾幼，以及人之幼，这不仅是自闭症家庭的事，更是我们每一个人的事，需要大家共同正视！

有了这样的意象，我便将它转化为协会的LOGO，它代表了转变、完整、欢笑、参与、动力与盼望！愿它所代表的意义，为自闭症的孩子与家庭带来积极的希望，也唤起所有人真诚的关怀，一起用爱为他们拼出蜕变后的彩翼。

振鹭于飞

飞的理由

为你画双翅膀，
带走你的忧伤；
为你添上色彩，
送来缤纷璀灿。
爱是飞的力量，
它让翅膀坚强；
舞动人生理想，
唱响人间天堂。

生活是自己选择的

很多时候我会从电子邮件中，读到一些耐人寻味且有启示性的短文，不知道它最初从哪里来？它让我想起躺在海边的贝壳，虽是寂寞地藏在沙中，却能带给当时得着它的人一份特殊的牵动。而我更愿意加上自己的联想，就象那小贝壳，到底是经历过几番风浪的冲刷，才会在沙砾中闪烁着些微的星光。

我看见一个题目是《人的一生，到底在追求什么？》的文章中有这样一个故事：有个美国商人在墨西哥海边小渔村的码头上，看着一个墨西哥渔夫划着一艘小船靠岸，小船上有好几尾不小的黄鳍鲔鱼。这个美国商人对墨西哥渔夫能抓这么高档的鱼先恭维了一番，然后问："要多少时间才能抓到这么多啊？"

渔夫说："才一会儿功夫就抓到了。"

美国人再问："你为什么不待久一点，好多抓一些鱼？"

渔夫淡淡地说："这些鱼已经足够我一家人的生活所需啦！"

美国商人又问："那么你一天剩下那么多时间，都在干什么？"

渔夫笑了笑说：“我呀，我每天睡到自然醒，出海抓几条鱼，回来后跟孩子们玩一玩，陪老婆吃个午饭，再睡个午觉，黄昏时晃到村子里喝点小酒，跟哥儿们玩玩吉他。我的日子可忙着呢！”

美国人不以为然，帮他出主意，说：“我是美国哈佛大学企管硕士，倒是可以帮你计划一番！你应该每天多花一些时间去抓鱼，这样你就有钱去买条大一点的船，自然你就可以抓更多鱼，再买更多渔船，然后你就可以拥有一个渔船队。到时候你就不必把鱼卖给鱼贩子，而是直接卖给加工厂，接着你可以自己开一家罐头工厂，那么你就可以控制整个生产、加工处理和行销，然后你可以离开这个小渔村，搬到墨西哥城，再搬到洛杉矶，最后到纽约，在那里经营你不断扩充的企业。”

墨西哥渔夫问：“这得花多少时间呢？”

美国人回答：“十五到二十年。”

墨西哥渔夫又问：“然后呢？”

美国人大笑着说：“然后你就可以在家当皇帝啦！时机一到，你就可以宣布股票上市，把你的公司股份卖给投资大众，到时候你就发啦！你可以几亿几亿地赚！到那个时候你就可以退休啦！你可以搬到海边的小渔村去住，每天睡到自然醒，出海随便抓几条鱼，跟孩子们玩一玩，再跟老婆一起吃午饭、睡午觉，黄昏时，晃到村子里喝点小酒，跟哥儿们玩玩吉他……”

墨西哥渔夫疑惑地说：“我现在不就已经是这样了吗？”

故事里的人有两种不同的人生观、两种不同的生活态度，对生命的价值观也不相同，只有结局是相同的。读完了故事，我又看了一次题目，更深地想：人的一生，到底能追求什么？

我经常听着妈妈对不同的人讲一个相同的故事，那是我外公和他弟弟（我称他叔公）的故事。应该也算是很久很久以前了，那年日本人轰炸了外公家的工厂、房舍、学校，两兄弟因此分别响应当时“十万青年十万军”的号召，远离家乡，投笔从戎去了。外公考取军校，叔公年纪小，成了“青年军”。

有一次叔公被他的长官带去参加一个聚会，是宋尚节博士的福音布道

弦上黄莺语，绿窗人似花

会。布道会中有一首诗歌《主，我要回家》，其中的几句歌词“回家吧！回家吧！不要再流荡，慈爱臂膀向我伸张，主，我要回家”，让当时没有亲人在旁的叔公，想到破碎的家园，想到远方的父母、无依的自己，特别感伤。他理解了人的一生在地上流浪，如同属天的浪子，何等需要一个永恒的家、一个永不缩短的膀臂、一个爱不止息的天父！因此他受到感召成了基督徒。在往后的年月中，他有好几次生死交关的神奇经历，后来在台湾他极力申请退役，当时他才三十多岁，从此他就将自己献给神，做了四十多年凭着信心生活的传道人，直到生命结束。

当年在台湾家家都很清苦，外公是家里的长子，他积极勤奋、努力向上，担负起奉养父母、照顾弟妹和妻儿所有的责任。他像一棵大树，成了所有亲人都看重的依靠，而叔公却让所有的亲朋们都摇头叹息。由于无法理解叔公的信仰，都认为他是“不务正业”，尤其叔公的身体一直多病，肝、胆、胃都动过大手术，他还是四处传福音，甚至到麻风病院探望安慰病人……

妈妈说，当时他们整个大家庭，都因此排斥叔公祈求大家跟他一样信耶稣。好多年之后，妈妈很奇妙地也成了基督徒，这时她才真正地认识叔公所信的耶稣。她看到个子矮小的叔公身体那么软弱，但是一站上讲台，就充满了圣灵的能力，声音洪亮有力；长年到世界各地传讲福音，使无数的灵魂得救；有许多喜乐神奇的见证，每到一处都散发出属天的平安，使别人得帮助。而一直意气风发的外公，到了晚年看着故旧老友纷纷远去，生离死别的哀伤，让他觉得人生虚空短暂，加上得了帕金森病，连拿一杯水的力量都没有。

两位老人同样奉献自己的一生，却是两种不同人生道路的选择——外公一生凭着自己在世上打拼，从强壮走向衰微，从“能”到“不能”；叔公一生身体衰弱，依靠神的扶持，灵命刚强一世，他一直被人视为“不能”，而神吩咐他做“能”做的事， 成全了神的“全能”。

想起世界历史上首位征服亚欧大陆的帝王——亚历山大大帝的故事。他是马其顿国王腓力二世之子，年轻时即位就四方征战，仅仅用了八年的时间就建立了东起印度河、西至尼罗河与巴尔干半岛的大帝国，但是这位自认有如天神般的人物 ，却因病去逝 ，死时只有卅二岁。临终时，他要人在他棺木两边挖洞 ，让他的双手能伸出来，好告诉世人，最终他能拥有的就只有这两臂之间的墓地。人要认识自己的渺小，竟要付上这般长征后才看透的代价！

愿以圣经诗篇摩西的祷告做我的祷告：“求你指教我们怎样数算自己的日子 ，好叫我们得着智慧的心。”

我愿我宝贵的生命能像外公一样认真对待、勤奋努力，但我更愿将我生命的主权交给神，让他带着我走一生的路，在我疲乏时，赐我力量；在我困顿时，他会引领我在旷野开道路、在沙漠开江河。

有梦最美，希望相随

每个人从小到大都编织过无数的梦想，但有多少的梦真正被实现？特别是当众人都认为不可能时？

从电视新闻中看到一则很特别的报道：

一个 16 岁的澳洲少女杰茜卡 · 沃森，历时 7 个月独自驾驶着帆船，从南半球穿越北半球，横跨世界三大洋，完成了她想要环游世界的梦想，成为环游地球最年轻的航海家与冒险家。当她回到澳大利亚悉尼港的时候，不仅有舰队围绕护送，就连澳大利亚前总理陆克文也到场致意。港口更是挤满了围观的民众，给予她英雄式的欢呼，尤其是她的母亲兴奋地说着："她回家了，她回家了。"

其实杰茜卡 · 沃森从 8 岁就开始有航行的经验，心中也一直做着环游世界的航行计划，但是决定出发前却受到社会极大批评，出发后航行途中也没有任何人可以协助。我还记得几个月前曾在电视上看见杰茜卡稚气未脱的脸上透着坚毅，准备面对着一个人航行的种种困难。7 个月来思家的寂寞、迎战高达 12 公尺的巨浪，以及各种突发的状况，都没打倒她，她独自完成了 4 万 2 千多公里的航行，终于平安归来。难怪她会说：“现在我没法思考，虽然承受了这么多，但真的感觉太棒了。”尽管这项纪录，因为杰茜卡的年纪太小而不能被世界速度航海协会承认，但是这种挑战自我的精神成为澳洲人的骄傲。

我想，在我们中国人的观念里，别说是一个 16 岁的女孩子做这种单独冒险的事会像天方夜谭般不可思议，就是成年人也是少有的。让我特别想到的是她家人的支持与配合。当杰茜卡一个人在海上航行时最担心的应该是她的母亲吧，她却能放手让女儿勇往直前，成为支持女儿的助力，真是需要付出多少的理解、扶持和毅力啊！看来爱的方式太不相同了！有人说中国孩子是抱大的，而外国孩子则是爬大的。中国父母怕孩子受到挫折，祈求孩子一生富贵、平安，外国父母则鼓励孩子勇于挑战困难。

想起麦克阿瑟将军为儿子写的祈祷文：

主啊！求你塑造我的儿子，
使他够坚强到能认识自己的软弱，够勇敢到能面对惧怕，
在诚实的失败中，毫不气馁，
在胜利中，仍保持谦逊温和。
恳求塑造我的儿子，不至空有幻想而缺乏行动，
引导他认识你，同时又知道，认识自己乃是真知识的基石。
我祈祷，愿你引导他不求安逸、舒适，相反的，经过压力、艰难和挑战，
学习在风暴中挺身站立，学会怜恤那些在重压之下失败的人。
求你塑造我的儿子，心地清洁，目标远大，
使他在指挥别人之前，先懂得驾驭自己，
永不忘记过去的教训，又能伸展入未来的理想。
当他拥有以上的一切，我还要祷求，
赐他足够的幽默感、使他能认真严肃，却不致过分苛求自己。
恳求赐他谦卑，使他永远记牢，
真伟大中的平凡，真智慧中的开明，真勇气中的温柔。
如此，我这做父亲的，才敢低声地说：“我没有虚度此生。”

我想澳洲 16 岁少女杰茜卡驾船完成环球壮举，就是在这样的人生观中成就了她“有梦最美，希望相随”的生命意义吧！

月之河
Scarlett Chou

与人为善，与自然为善

家里的清洁工人休息，妈妈说，就自己动手整理吧！我也趁此机会帮忙，从而让我在这过程中多学习使用了好几样身边天然除污的东西，看来很像老祖母时代的方法，但是非常环保。

现在的人们不论衣食住行，都有回归自然的向往和认知。就以吃来说，菜叶上有被虫咬的反而受欢迎，这表示没有使用过农药；衣服如果送出去干洗，拿回来也要多放几天通通风再穿，免得化学洗剂还有残留；住处要远离高压电线；开车少按喇叭，减少噪音；汽车更换的机油要回收；垃圾记得分类……这些都和生态环境、生活品质有关，也直接影响着每个人的健康。为此，许多有机（绿色）商店应运而生，顾客每次购物都要检视标签。

美国的食品、药品等检验严格，还算能让人放心，此外对待所有的动物亦复如此。记得小时候到台湾乡村郊游，会因为民间的习俗说“死猫挂树头，死狗放水流”而看见许多恐怖的景象。在美国、加拿大，如果你钓到的鱼没有一尺以上，就要把它放回去，让它再生长。听说在澳洲，规定每天也只准钓几条鱼，多了就要被禁止。这许许多多的认知都是环保生活的理念之一，可以从一个人影响到难以估计的大群体。而这种认识的根基，需建立在“人人对大环境的维护都有责任”的思想上，因此，在人际互动日益频繁密切的时空里，人心的善念和思想的洁净更是应该去进一层思考的课题。心灵的环保需要强化追求，让善念常存于心。

许多人对宗教的整体看法都知道是劝人为善，我是基督徒，明白善不只是在生活中去行 (work) 善事，而是要能行走 (walk) 在善的生命里。这两者之间的距离是在于生命的源头能否与神的生命连接，才可以让以“己”为中心的魂生命得以更新而变化。

古人云：上善若水。意思是最美好的“善”品质应像水一样纯净，虽平凡，却是滋润万物的精灵；虽柔软，却有着雕山刻石改变自然的力量和毅力；虽百折千回，在奔流的过程中随地貌、山势而变，却不忘东流入海的理想和抱负。启示首善之道也就是说：最好的善是做人要与人为善，与自然为善；善待他人、善待环境。

我想人心最可怕的是失了对生命的认识。不以善念为信仰，不信三尺头上有神明，不在意良心的管束，有如放任自己走在如刃的刀锋上，以攻击别人来为自己开路，结果常常是想伤害别人，受害的却是自己。因为口出污秽的言语，最先污染的是自己的心和口；为了发毒箭，之前必先藏毒，全身心都浸在毒素之中；想算计别人却难测天意，因此，暗昧的意念在下意识中为自己经营的，竟是恐惧和不安，与快乐的人生之路背其道而相去日远。有人说：路子比步子重要，选择比努力重要，选路比赶路重要，定向大于定位，这是颠扑不破的首善法则。人太渺小了，不可能只手遮天！

《圣经》上就有许多教导的话语可以时时提醒我们：“掩藏的事，没有不显出来的；隐瞒的事，没有不露出来被人知道的。”又说：“神啊，求你为我造清洁的心，使我里面重新有正直的灵。”这些话永远是我们脚前的灯、路上的光，我只有默默祈祷：愿神保守我们的心怀意念，远离恶事，不遇见试探，救我们脱离凶恶，能天天手洁心清地面见神！

寻求
Scarlett Chou

奢侈消费不等于快乐

我家附近的南海岸购物商城（South Coast Plaza）是美国西岸最大的购物中心。有多大呢？它每年吸引二千三百万的消费人次，集合了五大百货公司和超过二百八十家品牌的店铺，世界知名的奢侈品品牌在这里都可以找得到。

每次到这儿来浏览橱窗，总会看到许多亚洲的旅客穿梭其间。近来，从国内来的消费者更是迅速增加。周末我在这家百货公司闲逛时，一位有着东北口音的男士将我叫住，他显得很不安地对我说："您说普通话吗？能不能请你帮个忙？我的女儿体型和你相似，来美国之前她交代我替她买名牌衣服和皮包，可是，"他摊开手中长长的纸条说，"上面全是用英文写的品牌，我找不到啊！"

看来他像走进了迷宫，不知从何下手呢！我告诉他这里的东西太贵了，建议他去物美价廉的地儿买，他说："贵没问题！只要是名牌，我买给女儿她就会开心。"我心里不禁惊呼：多"爱"孩子的老爸啊！

看来，中国的奢侈品消费时代似乎已经来临，即使是在一般人身上，

艳冠群芳
Scarlett

周心怡设计作品

也不难看到一两样“有牌子”的东西。世界奢侈品协会2012年1月的统计说，中国奢侈品消费总额达86亿美元，占全球市场的25%，首次超过美国，成为世界第二大奢侈品国。

当欧、美、日本对奢侈品的需求随着国际金融危机普遍下滑的时候，为什么中国的奢华品消费却没有因为经济不景气而改变，竟有这么多人对于奢侈品如此热衷呢？除了经济能力强盛和对产品设计的欣赏之外，我想，有许多的人是喜欢以“拥有”作为快感取向的价值观使然吧！

我又思索着，这位父亲真的可以一直用昂贵的代价铺垫女儿的快乐吗？

加拿大英属哥伦比亚大学和哈佛商学院的学者们，曾找了632位中等收入的受访者，针对他们的收入和消费金额作统计。首先，他们告诉受访者，一个月后将会得到一笔工作奖金。他们听到这个消息时，确实很兴奋，但他们真正拿到3000到8000美元的奖金之后，再去询问他们的快乐程度，却没有明显的提高。因为金钱无法和欲望成正比，看来没有止境的奢侈消费能否带来真正的快乐，还真是一个需要深思的问题呢！

第叁章

幽幽女人香

幽幽女人香

童年时候的我是个好奇的孩子，对于新鲜漂亮的玩意儿总是没有抵抗力。每当妈妈不在家，我就会忍不住到她的梳妆台上去把玩她的瓶瓶罐罐，然而每次都会被她发现，所以我一直以为妈妈是个“千里眼”。

做“坏事”的心眼儿随着经验增多，终于摸索出了破解的招儿：我知道妈妈太有条不紊了！家里的东西她都排列得井然有序，于是我动用之前先记住瓶瓶罐罐放置的位置和标签的方向。原以为天衣无缝呢，可还是被发现了，原来是香水泄的密！我只顾着陶醉在那迷人的馨香中，却忘了香气是会随身飘散的。

细想起来，每一种香气似乎都牵连着一段深邃的记忆：外公外婆住的军区大院里种满了花，最多的是兰花和桂花。每到秋桂盛开的时候，我都跟在外婆的身后帮着摘花，一双小手捧得满满的，外婆就用桂花替我做成香囊，挂在我胸前。当我躺在她怀里时，那弥漫的芳香就是最幸福的满足。

廿岁生日时，一位长辈送给我一瓶梦寐以求的“香奈儿 5 号”作为生日礼物，漂亮的小卡片上写着：“愿你的一生都是知性和感性的馨香，如同

雪魄冰魂

它的淡雅迷人。”

终于有了自己的香水！我意识到自己长大了，从稚气未脱的小女孩儿，渐渐蜕变为有“味道”的小女人！当时我的感动就像一道彩虹画在心里的天空，不再消失了。从此我开始收藏香水，并且用各式各样的芬芳，来表达我不同的心境。

香水这个词是从拉丁文 perfumum 翻译而来的，是“具有穿透力的烟雾”的意思。《旧约圣经》已有香水的记载，常常用它的香气来比喻“圣徒的祷告”。古埃及人把香精和油膏储存在精致的容器里，用于沐浴时及沐浴后。美丽又奢华的埃及艳后就经常使用 15 种不同气味的香水和香油来洗澡，甚至还用香水来浸泡她的船帆！可以想见她所到之处，一定香风扑鼻！那时候在公共场所中不涂香水是违法的！古埃及人对身后事特别看重，法老过世之后，要用香料裹尸殓葬，做成木乃伊，使之永存，可见香料在古文明中神圣的地位。

古罗马人则充分使用香水，竟能用到马的身上，甚至造墙的砂浆中；阿拉伯人创造了一种使用香水的宗教礼仪，让奇异香料的使用奠定了他们几个世纪香水发展业的重要地位；亚洲人则相信香水不仅使人更增美丽，还能使人长寿。古人的《神农本草经》就记载了许多芳香植物在医疗和宗教上的用途，而这几年流行的芳香疗法就是用芳香植物萃取精油，用于泡澡、按摩等，达到缓解压力和调节机能的效果。

香水的历史久远。14 世纪，第一批现代香水被创造出来，这是应匈牙利的伊丽莎白女王之命而研制的；15 到 19 世纪末，意大利、法国、英国和其他欧洲国家，不论男女，都广泛地使用了香水。据说拿破仑就是个香水迷，征战期间他一天要用掉数量惊人的香水！当他被放逐到岛上时，香水用完了，他还自创一种薄荷制造的香水，成为日后的香水典范。

现代人不论男女，都逐渐将使用香水当作一种社交礼仪。适度、适量地使用香水，能营造一种美好的生活质感。我喜欢有香气的生活，每天最享受的片刻，就是在梳洗完毕之后，朝天喷一下我最喜欢的法国普罗旺斯“四皇后”玫瑰香水，让香氛化成一片薄雾，有如一阵花雨，均匀细密地飘落在发际身间，若有似无的淡香能让我全天如置身于花丛中，更像捧着“玫瑰之后”的花束，那真是一种幸福！

当然对香味的喜爱是因人而异、自己也会改变的。在各种香水的香氛——果香调、木香调、动物香调、花香调中，我最钟情于花香，因为它最接近自然，最宜人沁心！众多花香中，我尤其喜爱栀子花。那是一种软软的、微甜的、优雅的微醺，没有侵略性的芳馨，却能深印在记忆深处。自从遇见了栀子花香味的香水，终于让我安定下来，那栀子花香已是我身上的特有香味。

香气不只是嗅觉的享受，也让心灵得着愉悦，让它增添人的男子气、女人味，使你更加地悦己宜人吧！

打开生命中的“宝贝盒子”

朋友给自己的女儿买了本故事书《潘多拉的盒子》，我脑海中浮现出这个熟悉的希腊神话：天神普罗米修斯从天上盗火种，使人类学会了使用火。天神宙斯十分恼火，决定要让灾难降临人间，于是用泥土制作了一个女人潘多拉，天上诸神都来打扮她——火神为她纺织了一条金发带，爱神赋予她各种迷人的媚态，智慧女神为她戴上花冠，众神的使者教她说各种动听的语言……

宙斯给潘多拉一个密封的盒子，里面装满了祸害、灾难和瘟疫，而智慧女神雅典娜为了挽救人类命运，悄悄将“希望”放在盒子底层。

受不了好奇心驱使，潘多拉打开了那只盒子，霎时间里面所有的灾难、瘟疫和祸害都飞了出来，人类从此饱受折磨。而来不及飞出来的“希望”却被惊惶失措的潘多拉关在盒子里了。

潘多拉的盒子里藏着“希望”，想起从小我也有很多的盒子，我的盒子里都藏了些什么呢？我在台北“故宫”看过一个展览，得知清朝王孙用多宝格把日常把玩珍藏的小玩意儿收纳在一个个精致的小匣子里。它设计巧妙、工艺精良、便于携带，本身就是兼具艺术价值与实用功能的精品！皇族子弟不仅拥有文物珍品，在装点、摆放和布置这些玩意儿上也都尽显巧思，这也许反映了太平盛世中人对生活的态度：不但珍爱古代文物和艺术品，也对当代的技艺充满信心，让艺术和生活珠联璧合。

小时候我喜欢搜集，把许多在当时看为珍宝的小物件都藏在盒子里。我的多宝格里有漂亮的糖果纸、彩色的缎带、飘落的花瓣、鲜红的相思豆、外婆的宝石胸针、姑姑从国外带回来的香水皂、同学们亲手画给我的生日卡片，还有郊游时从海边捡来、自己绘上图腾的鹅卵石……当我把玩着每一件宝贝，就会忆起一个可爱的人、一个难忘的场景和一段美妙的时光，有多少日子都是在这些对“珍宝”的翻腾里流连啊！

如今有形的盒子在物换星移之下，已不知飘零何处，存留的反倒是放在记忆盒子里的桩桩件件，当我打开回味，似乎还历久弥新呢！

读大学时，我被选作台湾地区的代表，到日本参加世界大学小姐的选拔。这个活动除了外貌，更多的是要求语文和才艺方面的表现。为了强调大学生独立自主的能力，大会要求任何代表都不能有监护人陪伴。妈妈是个谨慎的人，因此所有的行李她都为我准备双份，并分开放置，以防我初次离家出远门，出差错时无以应付。

没成想，就在我入围前五名进入最后角逐的前晚，我带着皮夹，走出宿舍到电话亭给家人打电话，讨论第二天可能被问到的“机智问答题”。当时注意力全放在和家人的谈话上，讨论完后就把钱包忘在电话亭里，等想起来时，已经找不到了。

我一时间不知所措，想到一文不名地在他乡异地，接下来还有好多天的活动呢，真是沮丧极了！比赛的心思也乱了……参赛者都围着安慰我，但大家也都挂心第二天的活动，爱莫能助。等我回到房间之后，那种落漠无助的情绪一直纠缠着我，这时忽然听到轻轻的敲门声，原来是奈及利亚小姐。她拿着一小卷纸钞，悄悄塞进我手里，不待我反应她就拍拍我肩膀说：“That's what friends are for ！”（是朋友就该这么做的）那一刻我好感动！觉得她真是所有选手中最美的一个！

心怡
壬辰年 夏

出水芙蕖映日娇

因着她的爱心，第二天我才能从容地继续在舞台上争取荣誉。当五彩的灯光洒落在舞台上，两旁巨型的幻灯屏幕交替着我那一幅幅“飞天”画作，我扮成“飞天美女”从高处降下，跳着中国的敦煌舞，好像画中的女子，临空飞跃而出，飞舞在人间，那时，我知道是奈及利亚使我的笑容能闪烁着从她而来的温情。当我尽情舞动着手中漂亮的彩带，我想到了友爱的光芒……我得奖了！在接受奖杯的刹那，我给了她一个拥抱。

经过两周的相处，这些台上的竞争者，在台下早已成了好姐妹，临行依依，大家互换了纪念品。我将一串中国结吊饰送给了这位非洲姑娘，盼望友谊永相系，而来自物资并不丰裕的国家的黑美人只是露出一口雪亮的牙齿，笑着给我一个大大的拥抱，虽然没有记录下这个画面，也没有一个具体的对象可以留念，但是它却已深印在我的脑海中，在我生命的“宝贝盒子”里，永远珍藏。

我想，潘多拉的盒子里，留下的一定不止是“希望”，还有纯挚的情感，悄悄躲在盒底，发着温暖人心的光亮。

美女是时光雕刻成的

一位雕刻家用石头雕了一只鹰，观赏的人见了，都感觉这鹰雕得栩栩如生，好像真的在天空中展翅高飞一样，于是问："你是怎样把石头雕得飞起来的？"雕刻家回答道："其实，这只高飞的鹰本来就在那里，我只不过把石头中多余的边边角角去掉而已。"

上面这段话，说出一位创作工作者在创作的过程中，是以一种雕刻生命、赋予作品灵魂的态度在追求完美。雕刻让我领悟到每一个人的一生都生活在雕刻或被雕刻的过程中，因为生命本身就是一种呈现，不同的人生态度和价值观如同错落不同的刀工，将展现出不同特质和人生风貌的生命。

德国诗人歌德，以一首小诗概括人生成熟与完美的经历：

少年，我爱你的美貌；
壮年，我爱你的言谈；
老年，我爱你的德行。

中国诗人刘大白也曾赋诗一首赞美人生三部曲：

少年是艺术的，一件一件地创作；
壮年是工程的，一座一座地建筑；
老年是历史的，一页一页地阅读。

尽管阶段不同，经历各异，我们却都能看见每个人身上的岁月刻痕。影星张曼玉的魅力和成就是有目共睹的，她曾经说过，所谓美女，都是时光雕刻成的。从影二十多年后的张曼玉，不但

微风摇紫叶，待我泛红光

没有被光阴这把利剑磨去青春的外貌，反而在执着的工作态度上和事业的锻炼中被雕琢得更加光彩照人，韵味十足。

最近看到国内的中国达人秀，有一位年轻的男子因为小时候玩耍时不小心触电，以致失去双手。他学习用脚照顾自己的生活，后来又用脚弹钢琴，弹得好极了！

评审问：是什么动机让你想用脚弹琴？

他说：谁规定弹琴一定要用手？像我这样的人只有两条路：一是尽快死去，一是活得精彩。

这让我想起最近欣赏到的一组用枯木雕刻成的艺术品图片，看那化腐朽为神奇的创作，说明生命力的再造是何等强大的力量！人怎能轻看生命，不积极向上呢？

另一位表演者是一位来自呼伦贝尔的个体车辆修理工，他凭着自己的技术制作了一套孔雀羽毛，背在身上表演孔雀舞，可以控制羽毛的伸展闭合，但是他单调笨拙的动作惹得全场大笑。

评审问他：为什么不用这套机械的孔雀羽毛让帅哥美女来表现呢？

这位表演者说：我来上电视是为了让卧病三年不能说话、不能动、只有高兴时才会笑的妻子开心。

他被要求在全国观众的面前向妻子说几句话。

他说：亲爱的老婆大人，不论你什么样，我会一生一世永远地爱你、伺候你，我会爱我们的孩子、我们的家，这是我一个男人应该做的，我也能做到。

全场观众都感动地起立鼓掌。我想平凡和苦难是他生活的素材，而爱是他为家人雕刻的幸福。

生命的美丽也由此呈现……

那些美好的日子

秋风习习，送来了凉凉的秋意。不知道为什么，天地间总有一种气息，将秋天酝酿成伤别离的季节。或许是秋必要送走夏的故事，而春天的花颜也早已远去，只剩下了枯黄的落叶随风低吟。那些经历过岁月的耕耘，看似该到收获的时候却又必须面对一番根离土的悲哀，使躲不掉的时序在春耕、夏耘、秋收之际，也免不了有些苍黄落寞了起来。

人们悲秋也因不舍春、夏的繁茂，但逝去的流光终不会回头。秋既是收的季节，何不在冬来之前能有所藏，舍下许多不能的天长地久，留下曾经的拥有，就像酿过的酒存在心窖里因陈渐香，想喝时也能醺然醉上一场！

我就喜欢一路细心地安放自己的脚踪。那走过的春夏秋冬，都在我记忆的宝盒里，像一颗颗闪烁的珠子，时不时地被我拿出来品玩，每游走一回，欢喜的心就像跳动的音符，咚咚作响。

大学一毕业，我就涌入了好几千人投入的考场。只为了满足展翅飞行、遨游四方的梦想，我一口气考取了美国联航、美国西北和日航三家航空公司的空服员。几经分析，最后爸妈以安全为由，让我选择进入待遇最佳、口碑最好的日航作为我的第一份工作。

到了日航，发现日航不用男空服，才恍然明白，原来这也是妈妈所谓的“安全考虑”！这在当时，确实让我有那么一点儿失望，不为别的，只觉得穿上飞行制服的男空服，应该会比老机长来得英挺帅气，跟帅哥同事应该蛮美的，没能如愿也算憾事一桩。

一从学校宿舍搬出来，我就直奔日本东京，接受为期三个月的严格训练。训练的内容包括语文、安全救生以及机内服务。严谨的程度可用“军式化”来形容：要把长发剪短，表示决心；不论在哪一层高楼上课都不许搭电梯。不论是工作态度或工作效率，公司都是高标准要求，但这样的训练却也使我养成许多至今都受益的好习惯。比如，守时的观念让我连私人约会都从不迟到；有很严格的“学长制”——但凡比我们资深，哪怕只资深一天，都是“先辈”，都要受到后辈的礼让和尊敬；我们也养成了个人做事迅速准确，并且随时将进度向先辈们汇报的团队精神。这种训练使我在日后不同的工作岗位上都赢得同事的赞赏，也让生活变得更加井然有序……在结业时，日本的教官都语重心长地叹道：新一代的日本女孩身上已经看不到传统的温婉和顺服，在我们这群台湾来的训练生身上却找到了这种美德。

其实从小，我的妈妈就很“日航”，她常挂在嘴上的要求，就是效能、效率、效果。因此尽管我的数学差强人意，可算起账来，从不含糊。当时在机上卖免税品面对的考验是临场实战，尤其是台北飞港澳或日本等短程的热门航线，旅客会使用不同的货币、银行卡；不同的价格、数量，给钱、找零通常都难免有差错。但说也奇怪，我负责的免税品买卖一定分毫不差！这一直是我非常得意的战绩。

我也喜欢在服务的过程中，在许可的情况下加上小创意，美化客舱的气氛，例如将头等舱的吧台和餐车排得漂漂亮亮的，或将客人餐盘上的纸巾折朵小花……所以我总比同期的其他空服受老大（座舱长）的特别爱护，经常把我安排在头等舱工作。因为我做事利索，他们和我共事就很轻省，我也因此在机上服务过许多知名人士，像撒切尔夫人、歌手史汀，其他诸

如周华健、章子怡、酒井法子、宫泽理惠、金城武……看明星也是工作的乐趣之一啊！

在高达万英尺的高空飞行，也曾遇过突发状况。有一次一位日本老先生休克，晕了过去。那天碰巧机上没有医生，只听得客舱后头一阵哗然，日籍的同事们又是热毛巾又是急救箱地一趟一趟往经济舱跑，老人依然不省人事。我知道以后也跑去帮忙，忽然灵光一闪，就叫她们试着掐人中，说完我就回去忙了。没想到，一会儿座舱长问我使了什么招儿，因为掐完老先生就醒了！我得意地扬着头说，这是中国奇妙的医术啊！看他那佩服的表情，可惜那时还没有演“大长今”，不然我可能也蒙个什么响亮的称号！下机时看见老人又健步如飞，心里真是感到安慰！

每一次拿到班表，我就会兴致勃勃地计划这个月可以到哪里去“玩”！最开心的事莫过于到达一个新的航点，放下行李就和同事到四方搜寻好吃的、好玩的、好买的，一样也不落下！不过曾经从海关人员的口中普遍听到这样的评论：打开空姐的箱子，大部分是装满了的化妆品和新衣服，而日航空姐的箱子里装的全是家用品，这说明什么呢？我想应该不是说我们土气，而是代表这一群女孩子都很宜室宜家、温柔贤淑吧？哈哈！

女同事们聚在下榻的酒店里也会找乐，相约买好酒菜零食，窝在房里，敷着面膜，一边吃喝，一边叽叽喳喳地数算着男人的“罪状”，八卦一下航班里有哪个讨厌鬼或是帅哥，聊聊生活中的苦恼和欢乐。这种乐趣也是日后在别的工作中再难找到的，因此多年后我和昔日同事们重逢，那种姐妹般的亲切感依旧，重提往事，仿佛昨日。岁月让我们更成熟，也更懂得珍惜这难得的情谊。

能到世界各地免费旅游，原本就是这个行业吸引我的重点。不同的风土人情，丰富了我的生活，开阔了我的视野，也经历了一些特别的趣事。比如在日本，每到黄昏时刻，如果女孩子单独走在街上，常碰到拎着公文包、像是刚下班的男士跑到你面前，问：愿意一起去喝酒吗？学姐们教我的绝招就是对他们讲英文，他们就会知难而退了，这招管用，真替我挡掉了不少蜜蜂和苍蝇！或许有人会喜欢一种突如其来的浪漫，认为这叫作“艳遇”，我不属于这类型！曾经在欧洲有人当街拦住我跪地求婚还唱情歌，可怜我这柔弱的中国女子足足逞强地走了十多分钟的路，不理不睬，才摆脱纠缠！这要是在自己的家，我一定凶得起来！

在飞机上看云，再美不过了！尤其在驾驶舱里。最喜欢在驾驶舱看降落，那 270 度广阔的视角，给人一种自由的释放，让我如飞鸟在天，从心里想要唱出赞叹的歌来，更有一种领悟：凡事都要提升到一个高度，再来省察自己的心思意念，才能避免偏执。

给自己更宽阔的心来看待得失，人生四季中的那些日子就充满了欢喜和满足，春耕夏耘秋收冬藏，总是美丽的旋律，无穷无尽地一直运转。那段日子里谱出的一首首难忘的歌曲，到如今仍在不停地唱着，唱着……

梦里花落知多少

曾经

曾经，她像一阵狂风，
卷起了千层沙浪。
让每双瞳孔里，
都映照着沙漠的夕阳，
像看见了撒哈拉的光亮。

曾经，她像一股热浪，
吹起了万里长风。
让每只耳朵里，
都回荡着铜铃的轻响，
一起骑着骆驼走向远方。

风卷起浪，浪吹着风。
远方的亮光也流着泪，思念家乡。

曾经，她像一片汪洋，
聚集了晶莹的星光。
让每片湖心都闪烁着，
青春的梦想。

他们一起在橄榄树下歌唱，
什么时候，狂风和巨浪淹没了海洋，
光亮和希望都成了呢喃。

是他带着她去到那梦中的地方，
好像是躺在另一片沙滩，
应该是他们一起追着风在捡拾花瓣。
那风也在我的心底吹荡，
轻轻柔柔地荡漾，
仿佛有穿着皮靴和波西米亚衣裙的长发女郎，
飘动着裙摆，
将花香送来给我珍藏。

美人鱼的眼泪

美丽的梦，永远伴随着美丽的希望。它们也一如生命，生生不息，且不断成长。

小时候《安徒生童话》还有其他的神话传说，都是我梦里曾经的向往，向往着自己真能和那些故事中的人物一起，漫步在童话般的生活境界里，像白雪公主、丑小鸭、美人鱼。

还记得大约五六岁吧，第一次听美人鱼的故事，当故事演绎到王子对美人鱼变了心，不懂成人爱恋的我，居然伤心流泪。心疼我的外婆对我说：别哭了，来看美人鱼的眼泪！于是拿出一颗珍珠的坠子，用细细的银色链子串着，套在我的脖子上，从此珍珠在我的心里有了一个浪漫的名字——“美人鱼的眼泪”！

20岁生日时，妈妈也给了我一串16英寸的珍珠项链。妈妈常以各种珠宝比作女人的生命，她说：女人是娇贵美丽而又有特质的，必须得在被珍视的爱中成长，只有爱能成就她最美好、珍贵的生命——如钻石的坚贞、宝石的多彩、玉的温润。

珍珠也有可比拟之处。因为珍珠是在贝蚌的体内形成的， 当贝蚌在水中生长时，遇到细微的沙粒窜入壳中的外膜，就分泌许多珍珠质来包裹这些沙粒，最后孕育成了不同形状的宝贵珍珠。那细小的沙与贝蚌在给予和承受中经营，交融在爱的互动中，才成全了如此珍贵之物，人生中有很多的历练就一如珍珠成形。

然而珍珠虽然是美丽光华的，但是因为硬度低，配戴久了也会泛黄，一定要小心保养。它不适合接触香水、油、盐、酒精、醋、洗发乳等物质，流汗也不宜佩戴，就像走在岁月中的女人，不能在庸碌的生活中失去自我，任岁月摧残。不论是人生的哪一个阶段，都不要忽视了自己的价值。

妈妈的话总是让我有所体会，就像她给我起的小名“贝贝”，除了有宝贝的意思之外，还隐含了要我有贝蚌育珠的韧性和认识珍珠独特品质的意涵，懂得不断地充实，让智慧装点生命，让生命提升品质，让品味丰富生活。生活就是要生动地活着！用爱来经营滋润年月中的点点滴滴，别让日子像弃置的珍珠，浑黄得了无生气，否则那就真成了暗夜里的泪珠！

多年前，我特别利用业余时间在短期专业学校修习有证《珠宝鉴定》的课程，在珍珠科目中认识了珍珠以它的雅洁、瑰丽，被誉为“珠宝皇后”。它是一种有机宝石，按照成因分为天然珍珠和人工养殖珍珠两种。养殖的珍珠是将预备好形状的外物放进贝中，这样能掌握成形后珍珠的规格，但是光润不如天然珍珠。珍珠有白色系、红色系、黄色系、深色系以及杂色系五种，多数不透明。它们的型态以正圆形为最好。

中国是世界上最早利用珍珠的国家之一。古代宫廷中把珍珠列为治疗疾病的重要药材，医书中记载珍珠有安心、定志、安魂、化恶疮等药效，现代医学研究也表明珍珠在提高人体免疫力、延缓衰老等方面具有独特的作用，也常有人视珍珠粉为去斑美白的保养美容圣品！

选购珍珠也是有很多讲究的：光泽是珍珠的灵魂，看珠子的光应该将珍珠平放在洁白的软布上，就能看到它溢出的温润光泽。如若迎着光线看，能发现七彩的虹光丰富的层次变换，还可以看到有如金属质感的球面，甚至能映照出人的瞳孔，特别明亮的就可以列入 A 级，稍次的为 B 级，C 级或 D 级的反射光则较弱。

形体也是品质的要点。有所谓一分圆一分钱的说法。珍珠越圆越美，颗粒大而精圆的珍珠就像圆月一般，配合光泽，呈现出有如月儿般朦胧的意境美。

所谓七分为珠，八分为宝，一般消费者普遍喜爱 7～9 毫米的珍珠，现在 10 毫米的已是难得，11 毫米以上的则只有南洋珠了。

此外采珠也是非常辛苦的工作，所谓一颗珍珠千滴泪、万滴血！但愿人们在喜爱珍珠的同时，也能珍惜它的不易。想起外婆将眼泪比拟作珍珠，是多么的恰当！从珍珠成形到采珠的艰难，都是生命路程的写照！我相信，每一个人的心中都有一颗心灵的珍珠，随着岁月的增长和各种不同生活的历练，虽然或有泪水如珠，却也越见其成熟圆润之光芒，益加剔透晶莹，正是珍珠情、人生路啊！

幽兰

秋水

我的眼波似秋水，
这曾是你对我的赞美，
我也曾为这赞美而沉醉。

如今，
秋水起了波澜，淌出了泪，
是你的离去，让我这样心碎。

来，喝杯下午茶！

尽管是待在空调房里，夏天沉闷的气息，还是让人昏昏欲睡，也少了食欲。尤其是忙碌的上班族，午餐若总是匆匆解决，过一会儿就会饿了。这时若能补充一顿营养均衡的下午茶，不仅能赶走下午的瞌睡虫，还有助于恢复体力，提高工作效率。

虽然我们中国人是最早懂得喝茶的国家，有三四千年的茶文化，不过喝下午茶的习惯却是起源于英国。那是在英国维多利亚时代由一位公爵夫人安娜女士兴起的。这位安娜一到下午，就意兴阑珊，肚子也有点饿了，于是她请女仆为她准备一些烤面包、奶油和茶。后来，她也请知心朋友一起共享，打发时光。没想到这么一来，喝下午茶竟然在当时的贵族社交圈里蔚为风尚。再后来，喝下午茶就成了全英国人的习惯，他们通常会选择在下午三四点钟左右，缔造起悠闲、舒心的下午茶气氛。

说起维多利亚下午茶，它是一门综合的高雅艺术，讲究好的茶品、精致的磁器、古典音乐，还要配合优雅的服装。

然而，现代人生活节奏快，几乎没有机会坐进阳光充裕的 tea room，一边吃着甜点，一边谈笑风生、闲话家常。所以，简约版的下午茶更受一般人的欢迎。

在台湾，下午茶是挺普遍的交谊方式。不管是和姐妹们相聚谈心，或是与客户洽谈公务，下午茶都是很受欢迎的选择。而且提供下午茶的餐厅经常是门庭若市，若不事先预订，往往还吃不到呢！在这些 tea room 里，用餐的宾客有 98% 是女性，她们衣着光鲜，打扮时尚，有的与闺蜜餐叙笑谈，有的倚窗啜饮阅读，每一个女子都如一道美丽的风景，男性在这儿反倒成了点缀。

打开 menu 也会发现，所有的菜肴设计都以女性的需求为出发点，详细标明热量，量少而精致，清爽却饶富滋味，让爱美的女士们可以大快朵颐，又能兼顾优雅与健康，真是贴心。

下午茶的盛行，让我们看到女性越来越懂得珍爱自己，随着经济能力的提升，女性消费的需要也越来越受到重视。

一般英式下午茶由点心和茶组成。点心一般是装在一个三层的银色托盘里，从下到上分别为三明治、英式小松饼、芝士蛋糕和水果塔。吃时的顺序一般是由下到上、由咸到甜。

至于茶，西方人多以红茶为主。在英国，红茶的种类非常多，下午茶的专用茶为大吉岭与伯爵茶、锡兰茶等几种。

我想，如果以中式点心来佐中国茶，就更合我们中国人的胃了！前年到上海，那些怀旧点心加上西湖龙井，至今令人不忘。

喝下午茶和单纯的吃零食是不同的。零食的热量会储存到体内，而下午茶同其他正餐一样，相当一部分热量用来供机体消耗。营养学家也告诉我们喝下午茶可以为健康充电。

此外，英国科学家还发现，喝下午茶对降低血脂也大有裨益。要防止胆固醇增高，不但与所吃食物有关，还与进餐次数有关。研究发现：如果能把一日三餐的食量分成四餐、五餐或六餐来吃，对降低胆固醇更有利。好的下午茶还是女士优美曲线的保证。英国一份营养调查结果显示，长期享用下午茶的女人更苗条，就因为她们保持了少食多餐的好习惯。

因此，下午茶必须像正餐那样搭配。最好挑选二种或三种具有互补作用、可以保证营养均衡的食品。比如一种谷物食品（如饼干、面包片）配一种奶制品（如酸奶或豆奶），或一个时令水果，当然还要有饮料，水、清茶就是很完美的组合了。

在繁忙的日子里，就让下午茶为你的生活添些恬淡幽雅又健康的享受吧！

茉莉

茉莉吟

一缕清韵，
抚弄夏之梦，
悠悠诗心，
淡淡轻愁，
临风无限清幽。
仿佛皎洁月下，
茉莉的暗香流淌温柔。

素馨无尘，
净白无垢，
馥郁的珠蓓，
竟是胭脂回眸。
点点凝愁，
沉浸茗杯，
最耐品，
相思滋味。

歌声远，
那余香犹在枕边，
低回，
呢哝……
情味于此最浓。

我的穿衣哲学

记得还不到两岁吧，我学会跳《掀起你的盖头来》，外公外婆非常得意，总要我表演给街坊们看。人小鬼大的我居然跑到阿姨的衣柜里去翻箱倒柜，找寻行头：顶个小铃鼓，披上红纱巾，再套上小阿姨的百褶短裙（穿在我身上正好成了拖地长裙啦），照照镜子，还挺像回事儿，在大人面前连唱带跳，好不开心！这可是我第一次为自己设计的造型呢！

是得自母亲的遗传吧？她是服装设计师，从小就给我看自国外订购的服装画报，我和妹妹像是她的一对洋娃娃，装扮我们是她最大的乐趣。每一次逛百货商场，她总要花上大半天选购童装，我们在一旁看着她如何搭配，那真是一种美丽的魔术呢！几件衣服加上不同的配饰，就能变出好多新鲜的款式，以最经济的消费，却能让我们在每一次出门都得人赞赏。

我和妹妹曾在百货公司担任童装模特，爱美的天性，加上很小的时候就接触时尚，渐渐对服装有了自己的见解。总觉得当别人还没有机会认识你的内涵时，衣着风格与品位就成了初步评量的依据。尤其是移民海外之后，更觉得穿着的重要，因为它不仅代表了个人，更代表了“礼仪之邦”

传承于我的底蕴。

然而我所谓的“重视”，并不一定反映在置装的费用上。在美国能找到全世界最顶级的名牌，购买昂贵的衣饰并不困难，但穿出风格与品味却是另一门高深的学问。我的衣橱里有高档的设计师作品，也有在跳蚤市场淘来的二手衣，价格或品牌不是我置装时考虑的重点，对于我来说，穿着打扮就像画画，我重视色彩、线条和布局。巧妙的穿搭所变化出的千姿百态，比胸前大大的名家 LOGO 更让我感到自信。

穿衣哲学（一）：适合的，就是最好的

常有人问及我的“穿衣哲学”，的确，穿衣不仅是艺术，更是一种哲学——女人和服饰间的关系之密切，似乎不亚于情人呢！

不论是穿着，或是情人，我认为第一就是要适合自己。可可 · 香奈儿（Coco Chanel）说过：要做到不可替代，就要与众不同。不盲从于时尚潮流，了解自己的体型、个性、生活形态，是“与众不同”的秘诀。适合自己的服饰，能让人穿得舒服、自在，展现自信，魅力也就油然而生。

我喜欢端庄大方却不失俏丽的款式，简单中带有设计巧思，往往更有画龙点睛之效。尤其喜爱女性化的元素，比如：刺绣、荷叶边、镶滚、蝴蝶……细节往往是品味的藏身之处。

生活在洛杉矶这个充满阳光的滨海影城，时尚风格偏向休闲轻便、明艳外放。牛仔裤是一年四季不可或缺的基本款，还有娇俏妩媚的洋装，在繁花盛开的春、夏，感觉自己像是飞舞花丛间的蝴蝶；到了美国东岸则又是另一种氛围，在洛杉矶被束之高阁的沉稳套装，到了纽约就是主流啦！因为东岸是美国政经文化中心，身处其间，心境和喜好也会随着大环境和角色而改变。

香奈儿女士也提醒过追求时尚的人们：愈是隐藏掩饰，愈是会突出缺点部位，欲盖弥彰。了解自己的身材优势和不足，不必随着审美的潮流，用不合身的衣服折腾自己，借着服装线条、剪裁、花纹和颜色所营造的视觉效果，就可以发挥奇妙的修饰作用呢！

这好比爱情——没有所谓的“完美情人”，只有“适合”的对象。当你和一个兴味相近、情投意合的人相处，就像穿着合身的衣服，那种顺畅无碍的交流，舒服、愉悦、幸福，举手投足充满自信，让人自心里感觉美丽。

穿衣哲学（二）：巧妙搭配，创造新鲜

经营博客、演讲、出席各种活动，经常有拍照的机会。不比艺人们有服饰赞助，家里的衣柜再大也有一定的容量，想要保持视觉的新鲜感，可不能只靠添购新衣来满足需要！

或许是按捺不住心中经常涌动的创意，我不爱穿制式的套装，却喜欢玩排列组合的游戏——同一件白衬衣，配上西装外套，便可到校园给学生们讲课，那是为人师表的仪态；周末逛街看电影可以搭配牛仔裤，利落大方；晚宴时穿一袭丝质窄裙配别致的珠宝，便是低调的奢华；约会时，颈上系条粉彩长丝巾，随晚风摆弄出撩人的舞姿，浪漫妩媚立现……一点巧思，在不同的时间、场合都能有耳目一新的样貌，这样的乐趣，可不是金钱所能比拟的！尤其是出门旅行时，总要计划如何以最精简的行李，创造出最大的效益，互相混搭出应对各种场合、天候的造型。这时，配件就显出了它们的重要性，就像仙女的魔法棒一样，将平凡无奇瞬间摇身变出绚丽惊喜！因此，我会愿意投资在一些值得收藏的配件上——皮包、鞋靴，不仅具备装饰效果，更有实用价值；花色特殊、形状和材质不同的披肩、丝巾，可以变化出百多种不一样的运用方法；太阳镜和帽子，不但可以遮阳，还能为造型增添几分星味儿！而珠宝首饰，不管是昂贵精致的，或是夸张有型的，都像奶油蛋糕上的红樱桃，是吸引目光的焦点！

其实爱情不也是如此？两个人的各种特质若能相辅相成，互补互助，同心协调出和谐之美，时时都能激荡出意想不到的火花，一加一的效果大于二！

然而再适合的两个人，日子久了，也会逐渐失去新鲜，也需要花心思去打破一成不变的呆板和单调，尤其是对于细节的疏忽，往往是感情的冷面杀手，从小处用心创造惊喜和欣慰，让每一个平凡的日子都不再平凡。

穿衣哲学（三）：爱惜保养，美丽不褪色！

不管对人，对物，我都很念旧。正因为置装的原则是不追逐时髦，偏重衣服的用料、剪裁和质感，我的衣服可以长久不褪流行。每一件衣服都是令我美丽的大功臣，所以我对它们保养爱惜，好让它们常保如新。有一次整理照片，发现连续几年的复活节，我都不由自主地挑了同一套春意盎然的衣裙，几张照片比对下来，发现随着历练和心境的不同，尽管多年来重复穿，却都能穿出新意。

有一年，定居在国外的姑姑第一次返台探亲，送给妈妈一件羊绒的毛衣，样式非常靓丽。妈妈爱不释手，穿了一次，回家后没有留意，就将它丢进洗衣机里，脱水之后拿出来一看，哇，漂亮的毛衣已经缩成豆腐干大小，回天乏术啦！妈妈心疼不已，从此，我们的每一件外出服都是送交专业洗衣店整理。我偏好穿着天然材质的衣服，比如丝、棉、麻、毛料，这些天然的衣料通常比较娇贵，我宁愿多花一些代价请专业人士依照衣物标示做最合适的处理：干洗、水洗、上浆、整烫……衣服经过保养，不容易变形、变旧，拿回家来就像新买的一样！衣服汰旧率低，这样算算，其实是划得来的。

从洗衣店取回衣物之后，也有些该注意的事：干洗是使用化学药剂，因此干洗过后的衣服不要立刻穿上，最好通通风，让残留的气味散尽再穿；美国天气干燥，衣服保存较容易，若是在湿度高的地区，衣柜或是更衣室要经常除湿，以免衣服长霉，产生异味。

衣服的收纳也是一门学问。我家的衣柜里，所有衣架的头都朝同一方向，再依照季节、类别分门别类，每一类里面再依照颜色作区分，这样打开衣橱便一目了然。暂时穿不到的衣服就用衣箱收着，利用拍照的方式，把衣箱里的内容贴在箱子外，这样就不需翻箱倒柜地找东西。

有句话说：衣不如新，人不如旧。新衣虽光鲜亮丽，然而只要保养得当，旧衣穿着更舒适，更有感情。人与人之间也是如此，长时间的相知相许所产生的默契是难以取代的，而默契的养成就仰赖彼此的珍惜，用心呵护每一份感动，才能对抗时间的磨损，历久弥新。

最后，还是引用可可 · 香奈儿说的：服装的真正目的不在于修饰外表，而是展现你的本质。爱美是女人的天性，时尚也是女人一生修不完的功课，因为它天天在变。唯一不变的原则，是让服饰成为美好本质的烘托，而不是成为流行的俘虏、物质的奴隶。

格　　调

从一个画家风格的变迁，最能看到灵性的长进。随着经历的累积与心态的转换，我的数位手绘也在不停寻求突破，从彩绘人物渐渐向泼墨画法前进，被誉为“五百年来第一人”的张大千成了我虔心欣赏的对象。除了在技法上钻研出独特的晕染法，克服了表现手法上的限制，大千先生曾说，笔法难，墨法更难，水法极难，这在数位绘画的领域中更是天方夜谭。而在画作的内涵上，大千先生说，艺术为感情之流露，为人格的表现！因此画作的神韵更是我不断在精益求精的。

我非常开心地有了一次参访张大千先生台北故居“摩耶精舍”的机会，那里是大师旅居海外卅年后的最后归宿。位于台北市外双溪的摩耶精舍建立于 1977 年，占地 578 坪（1 坪 = 3.3 平方米），两层建筑物的四合院占 222 坪，平日不开放参观，需要特别预约，也让这个纪念馆保持了它的清幽。这里一草一木、一景一石都是大千居士亲自经营的，可以说，摩耶精舍是大千居士的立体画作。他生活四围的一景一物，则让我对一代大师有了更全面、更立体的认识。

弦凝指咽声停处，别有深情一万重

我在飘着微雨的寒冬来到了摩耶精舍，走入园内，便迎面袭来阵阵优雅的古风，一方池塘，锦鲤悠游，园中多奇石和秀逸的盆景，呈现出大家气派，令人俗虑尽消。门楣上高悬着蒋经国先生题字“亮节高风”，像是开卷第一张的标题，引领我走进“大千”世界。

玄关的左方是客厅，以现在的眼光看，陈设非常简单，特别的是到处都能见到各式雅石，这些都是大千先生不远千里从巴西、美国、日本等地收集来的。玄关的右侧是宴客厅，这里想必曾经有过无数文人雅士的衣香鬓影，墙上挂着的“宾筵食帖”就是宴请一位著名的政界人士的菜单，看得出大千先生还是位美食家！据说有弟子因为不讲究吃，被大千居士斥为“那还学什么艺术”而拒于师门。可见大师对美的要求是全面的，生活中的衣食住行，尽管恬淡素雅，却都以“美”为宗旨。

走进了四合院，院中央有假山瀑布，水声溅溅，满眼的碧绿，整个摩耶精舍虽然都以简洁朴素为风格，但丰富的自然装饰却让它饶富生动的情趣。张躁说过“外师造化，中得心源”，我想对自然的热爱是大千居士无限灵感的来源。紧邻客厅的是画室，那一座大千先生挥毫作画的蜡像，让我们想见当年大千先生在此创作《庐山图》的景象。比起这样的书斋，现如今用电脑为表现工具，已经不需要这么繁复的画具，然而有机会亲手触摸大师用过的文房四宝，感受创作时的肃穆，期待着能从中吸收一点儿大千先生的灵气，是一种奇妙的体验。

小会客室是张夫人接待女宾的地方，里面有一幅小孙女送给大千爷爷的画，把爷爷的英文名字嵌在画里，创意可人，天真自然，让爷爷好生得意！

从小会客室绕到后院，就是大千先生与夫人长眠之地梅丘。大千居士生前走遍千山万水，最后休止于台北郊外的梅丘。还记得，他旅居美国加州时，在居所“环毕盦”建了“笔冢”，用以葬其画笔。台北的梅丘之下，却葬着这位中华文化的大师。

依山傍水的后院，有溪水潺潺而过，这就是“外双溪”一分为二的分流处。我在原木架构、竹片制顶的“翼然”和“分寒”亭，感受先生所写的“独自成千古，悠然寄一丘”的洒脱与豁达。大千先生曾和家人在“烤庭”里，用张学良先生送的烤炉享受合家欢乐，还有几大坛四川泡菜让他解乡愁。除了奇花异草和雅石，园中还有许多珍奇异兽，如他最钟爱的长臂猿、鹤鸟、雉鸡等，为园中增添了生气。

不对外开放的二楼则是大千先生的起居空间，有他专属的裱褙室，让信任的裱褙师傅到府上来装裱画作。大千先生的卧房里，不论家具、寝具都很素简，丝毫没有奢华花哨之气。我们参观完毕要下楼时，竟看到一只墨色

云烟深处水茫茫

小鸟停在大千先生小画室的桌上，见到我们走过便轻灵地跳跃离开，门窗紧闭，不知它从何处而来，也不知要到哪儿去，留下许多美丽的遐想……

细数大师的一生，大千居士并未辜负“大千”一名。他出生于1899年5月10日，是近代中国画册最多、一生展览最多的画家，也是知名度最大、画价最贵的画家。这些成就使得人们对张大千佩服之至，并将他誉为天才，他却不以天才自居。他说：“我不强调什么天才，也不主张什么刻板的功课。不论学什么，最重要的是兴趣，有人说‘三分人事七分天’，我赞成‘七分人事三分天’，自己下功夫最重要，尤其是在基础上下功夫最要紧。”一代大师尚且如此勤奋不懈，更何况我们这些后生晚辈？我想起了齐白石的名言：“应知天道酬勤，不叫一日闲过。”鲁迅也说：“哪里有天才，我是把别人喝咖啡的功夫都用在工作上。”张大千先生晚年在画作题上这几个字——无人无我，无古无今。或许就是这样的无悔与执着，造就了“五百年来一大千”！

第肆章

玫瑰玫瑰，我爱你

浪漫浓情巧克力

“人生就像一盒巧克力，你永远不知道下面拿到的那一颗会是什么内馅儿的！”这是电影《阿甘正传》里的一句经典台词，每当我品尝巧克力的时候就会想起来。

我不太吃甜食，对巧克力却是情有独钟。一杯热咖啡，配上两三颗巧克力，那是绝妙美味，更是一种情境的享受。那淡淡的苦味儿和着浓浓的绵密香甜在口中交融，等候着令人惊喜的内馅儿，就像一句广告词：既期待，又怕受伤害，这滋味儿似乎更像情梦一场，几许甜蜜，多少相思，点点轻愁……其实，这是因为巧克力中含有丰富的矿物质，其中镁离子是调节情绪的重要成分哟!

我认识一位美国的自然医学专家，专门研究有机食品（绿色食品），经常到处奔波讲学，却总是神清气爽，精力充沛得让人羡慕！我问他的保养秘诀是什么，他从西装口袋里拿出两样东西，一个是人参和红景天的浓缩锭，另一个就是黑巧克力。他说前者可以使血液中的含氧量增加，而黑巧克力则可以降低胆固醇，对心血管健康有帮助。后者内含的可可多酚能抑

惊艳

制脂肪的吸收，保持身材苗条， 又能消除黑斑皱纹，所以很多的美容从业者会将它添加在护肤品中，看来以前还真是冤枉巧克力了！

当然这说法使很多想吃巧克力又怕变胖的人半信半疑。我觉得任何好东西都要在量上做合宜的掌控，才能享受到正面的益处。特别是市面上的巧克力含糖太高，真正的饕家要选可可含量 50% ～ 75% 的黑巧克力。

其实巧克力还真是好东西，它的学名是 theobroma Cacao，意思就是“众神的琼浆”。16 世纪西班牙的探险家们远征美洲大陆，由于山高水远，旅途艰辛，队员们纷纷累倒，再也走不动了！这时一群善良的印第安人立刻拿出可可豆，碾成粉末之后加上树汁和胡椒粉煮成可可水给他们喝，这些队员们勉强喝了这热腾腾、又苦又辣的饮料，没想到不一会儿，就像是装了新电池般地都恢复了体力，才惊觉这“神仙的饮料”真是力量的源头！

探险队长将可可豆带回欧洲，在口味上改良，用蜂蜜来调和，并且献给国王，立刻在欧洲风行了起来。它成了宫廷里享用的珍贵饮料，王公贵族们特别用黄金杯子盛装，每天喝 50 毫升，把它当成珍贵的营养保健饮品。之后经过反复的实验，做成了固体的样式，也就是今天巧克力的第一代前身。

现在的巧克力不论口味或形状，甚至用途都花样繁多，也是最受女孩子欢迎的礼物。初次约会或情人节，这甜口、甜心的馈赠有加分效果哟！妈妈说我爸爸第一次到她家见外公外婆时，就是带了一盒巧克力，结果害她回报了一辈子（甜蜜的谎言）。看来我爱吃巧克力也是其来有自的啊！

“巧克力”也是受欢迎的甜言蜜语，香港的郭富城一句“你是我的巧克力”打动了好多影迷的心！卿本珍品，风情万种，愿得人间钟爱，让爱物之人于品味之余，也有优雅情怀将之舞动于人生的浪漫中，来个味浓情长。

玫瑰玫瑰，我爱你

加州的阳光最适合种植玫瑰了，一年之中除了冬天都能欣赏到盛开的玫瑰花。那醉人的芳香和迷人的风采，几乎是人人喜爱。尽管玫瑰多刺，也阻挡不了众多的爱花者。我爱花，尤爱玫瑰。在我心中，如果说牡丹是花中之王，那玫瑰就是花中之后了！

每逢假日，我总会到家附近的花圃赏花，那花枝招展、草叶欣欣能让我流连忘返，尤其是走进那用整片爬墙玫瑰围起来的玫瑰特区，就仿佛进入了浪漫的城堡，成串的花儿朵儿灿烂地对着我笑！还记得多年前从报道中看见林青霞站在自家的玫瑰花架前举行婚礼，让我惊艳又记忆深刻。人们爱把女人比喻作花，不是有句歌词是女人如花花似梦？虽然有些凄凉，但我觉得女人的一生总有一个阶段好似盛开的玫瑰，在青春中展现特别娇艳的年华，是多么的珍贵和美丽啊！

玫瑰也是浪漫的象征。有记载说，连罗马的暴君尼禄那样残暴的人，都非常喜爱玫瑰花。据说当他在大宴宾客时，不但从天花板上洒下如雨般的玫瑰花瓣来迎宾，预备的酒也要带有玫瑰的香味，在用餐前后还以玫瑰浴招待客人……看来，玫瑰让他也有被浪漫吸引的时候呢！

玫瑰花有两百多个品种，美国南加州卡尔斯贝花田里就种植了美国所有的玫瑰品种，据说有一百七十种之多。玫瑰除了观赏外，还有更大的价值。例如许多名贵的香水都是从玫瑰花中抽取香精的，像产于高加索的法国玫瑰和产于波斯的普罗旺斯玫瑰，还有产于叙利亚的大马士革玫瑰，香气都极为高雅！我最喜欢的法国“四皇后”玫瑰香水，还有 Bvlgari Rose，就是取自于这些玫瑰的精华，所以比纯酒更令人沉醉。

用花儿作菜是常见的，玫瑰花就是一种对身体有益的食材。美国人也吃玫瑰花，在生菜色拉上加些玫瑰花瓣好吃又好看！我喜欢喝玫瑰花茶，加上几片薄荷叶，调上蜂蜜，再来上一小片起司蛋糕，就是一份精致的下午茶了。每次回台湾，我也会去买些像玫瑰酥糖、玫瑰酱、玫瑰饼、玫瑰瓜子等苏式点心，这些都曾是外婆喜欢的零食，虽然她已不在了，但能勾起我好多甜蜜的回忆呢！

在美国还见过有人把玫瑰花制成玫瑰冰淇淋，是用玫瑰花瓣加上点柠檬汁，再和水、牛奶、砂糖打成冰淇淋，然后将新鲜玫瑰花瓣涂上一层糖汁，制成像水晶般的玫瑰花。等冰淇淋要装盘时，放几片水晶花瓣当装饰，看起来还真是别有一番情调。

我家的院子里就种了好多种颜色的玫瑰花，从春天到初秋都有玫瑰开放，经常一次花开就是好几十朵。除了插瓶之外，因为每朵花开的时间都不会很长，通常是七天之内就要凋谢了，这时妈妈会把花瓣搜集起来，让我们洗泡泡浴。难得的闲暇，我就会让自己享受一下花香浸润、水温舒缓的感觉……我觉得玫瑰浴的实际美容效果暂不论，它的作用是让人从心底美起来，感觉被宠爱。我更喜欢用干燥机烘干花瓣，分装在纱质的小口袋里，放在床头、皮包或衣柜中，让它依然有花香飘散，也算是一份最后的爱恋吧！那幽幽的花香，像是提醒着我，那一朵又一朵美丽的生命路程，总要有爱、有芬芳……

芳春流雪

我选择单身，而非被单身

长期住在美国，我习惯尊重他人的隐私和选择，对于年龄、收入、感情状况这些私人领域，是避免去触碰的。可是当我开始在中国大陆经营博客，接着到台湾宣传新书时，总是被好奇地追问一个共同的话题：你的条件这么优越，为何还未婚？从大家不约而同的关心可以想见：在华人社会里单身的女子要面对来自家庭和社会多大的压力！然而我总是会快乐而肯定地回答：我未婚，我选择了单身，而非被单身选择。

生长在一个相亲相爱、关系紧密的家庭，恋爱经历单纯，博客信箱里总能收到些求婚信，身边也从不乏追求者，我并非“不能”结婚。选择单身，一方面是因为对艺术事业的追求夺去了我所有的热情和心力；另一方面，对纯美爱情的执着，让我冷静，决不会因为任何因素贸然跳进一段 relationship 里。

看到时下的女性一心想嫁入豪门，一门心思寻找所谓的“绩优股”，可是从小，我的母亲就教导我和妹妹：女人一定要充实自己，尤其是漂亮的女人，千万不能仗着美貌而恃宠而骄，怠惰了对自我的要求，要让自己成为别人眼中最有价值的“绩优股”。因此，与其去相亲，我宁愿把时间和精神拿去旅行、进修、学习，品味生活。我把自己看作一枚钻石，每一个不同的切面，都要能闪耀出摄人夺目的光彩。我没有闲暇寂寞，也没有余力孤单，单身让我更自由，更自在，更自信！

其实，有了所谓的“好条件”，是让我对自己的人生有更多的掌握，不管是继续维持单身，或是有一天遇到合适的爱人而决定走入家庭，都可以更加自由地选择最适合自己的生活方式。对婚姻和爱情的需要，也早已从过去找个终身依靠的心态，转变为寻找一个可以相爱相守、彼此成就的伴侣。我可以气定神闲地等候那个与我天造地设的王子，虽然可遇不可求，也不至患得患失。若只是为了平息外界给予的压力而随随便便作决定，那可就不是“嫁人”，而是“嫁祸于人”了！然而当时劝你结婚的那些人，不会为你的人生负责，未来的道路，则是要自己去面对。

而所谓的好条件，我认为不是单单指经济上的自给自足，更重要的是“独立”。某天早晨我动笔写作之前，正好看到与我搭档《爱情命运王牌》一书的许常德老师在微博上的短文，恰恰是这篇文字很好的注脚：

一个人的生活
并非一个人
如果你愿意跟人相处

两个人的婚姻

也非两个人
如果你不愿跟人相处

习惯形式上给你安全感的人
就会依赖形式
并主观地以为形式以外的人生都是无助又可怜的

单身也好，结婚也罢，重点是要能“独立”，尤其是情感上不要成为对方的负担。当爱情不是生活中的唯一，你不会把爱变成束缚的缰索，而是会更积极经营自己，为自己的快乐负责，魅力也就由此而生。而魅力，才是爱情与命运的王牌，身心都不再被有形的形式和无形的压力所羁绊，不做菟丝花，而做一朵人人梦寐以求的牡丹，令人钦羡，让人不由自主想靠近，这样的人生，怎么会孤单呢？

春色岂知心

花心

我喜欢有花儿陪伴
因为它的香
像流水静静淌
像风儿轻轻转
淌啊淌
转啊转
总是让我心情宽

我喜欢有花儿陪伴
因为它的样
笑脸儿迎风展
娇态儿时时望
不时展
不时望
总是让我不能忘

我喜欢有花儿陪伴
因为它的情
轻轻柔柔荡漾
绵绵密密侵占
总是让我甘愿想

我喜欢有花儿陪伴
我喜欢为花儿歌唱
唱出它心中的希望
我喜欢画下它模样
让它的青春不白晃
爱它作陪伴
愿作它牵绊

我心中的白马王子

不论什么年龄段，姐妹们聚会时的话题总离不开“梦中的理想情人”，上榜名单以好莱坞帅哥们居多，似乎金发碧眼比较能符合白马王子的形象。而我的人选，挑来拣去都是黑发、黑眼、黄皮肤的“中华绅士”。朋友们都好奇，为什么这样“支持国产名牌”呢？

我小时候读的是外语学校，毕业后不论在航空公司，或是电视台，都不缺乏和外籍人士接触的机会，移民美国以后，更是在“老外”林立的环境中求学、工作。我有很多外籍的朋友，可是论到情感对象，我似乎从不考虑华人以外的人选。

为什么呢？在博客上有无数人问过同样的问题。从他们口中听说国内的女孩儿们把嫁给欧美外籍人士当作时尚，为此还常常引得精英们愤愤不平呢！欧美的男士有许多的优点，这是我非常欣赏的，也是值得东方男士们学习的，但对于我来说，心灵的交流是感情中极为重要的一部分——同文化、同背景的两个人尚且要努力走进彼此的心，更何况是连饮食习惯都不一样的异国人？

熟识的朋友中，虽然不乏很成功的异国佳偶，文化的差异为他们的相处带来新鲜感，甚至有些夫妻连语言沟通都不是很流畅，靠着比手划脚也可以维系。但每当俊俏的白马王子来献殷勤时，理智会让我冷静思考：我若有一点点值得被夸奖的长处，绝大部分来自于血液中所流淌的文化底蕴。然而这些我们视为“美德”的东西，对于异国人士来说，并没有相同的意义——比如，儒家思想的孝道、谦逊，道家的无为而治、以柔克刚，对文字与文学的熟稔而产生的幽默感，琴、棋、书、画的陶养，人情世故，生活里的共同记忆所勾起的会心一笑，等等，他们或许能欣赏，却未必能懂得。反之，有许多对他们来说很重要的东西，我又必须重新去学习和适应，这已经不是单纯的语言隔阂，而是价值观的差异。

说了半天，我心目中的理想情人是怎样的呢？如果要找一个具体的人物来说明，那就是“千古一帝”康熙爷啦！—— 生于忧患，没有怯馁退缩，勤奋学习，磨炼意志，能文能武，知人善任，在位六十一年，一生建树无数，却不因功绩而自满，停止前进的脚步……而且啊，听说善于骑马打猎的满清皇帝，个头都很高大，乾隆皇帝就有一米九的身高！我估摸着他的爷爷也不遑多让，配一米七四的我，刚刚好！

唉，可惜这样的人物，五千年来也只出了一位，得现实点儿！难不成我也来“穿越”时空？少女的时代，迷恋高大英挺有才华的阳光男孩，随着年龄增长，阅历改变了品味，有些“条件”放宽了，有些则是更加严格了。现在我欣赏的男性，是风度翩翩、见识广博的自信“型男”，有深度、有广度；对于追求，敢拼敢闯；对于拥有的，有责任、有担当；为人处世有霸气，但没有骄气；对女性能爱惜、尊重……一个可以成为我的知己、老师、同伴和爱人的“gentleman”。

东方贵族

蝴蝶兰

蝴蝶是花儿的翅膀，
带着花儿的梦想飞向远方。
花是蝴蝶的故乡，
将流浪的心事点点收藏。

瞧啊，
成串的花朵如彩蝶翩翩，
满满的幸福正迎风飞扬。

记住啦，
美丽的蝴蝶兰，
别将花语深藏。
那是最动听的：
爱你，我的情郎！

绅士是怎样炼成的

“绅士”（gentleman）源于17世纪的欧洲，由充满侠气与英雄气概的“骑士”发展而来。其特质是注重个人身份和荣誉，讲究风度、礼节和外表举止，崇尚精神理想，尊崇妇女、乐于助人、推己及人，恪守公开竞赛、公平竞争……“绅士”要具备八大美德：谦恭、正直、怜悯、英勇、公正、牺牲、荣誉、灵魂、尊重！

在我们的文化里，也有“君子”和“侠士”这两种理想男性。“君子”，指的是行仁、行义、尚勇、重义、轻利，才德出众；“侠士”则是怀抱豪情壮志和一身本领，替天行道、行侠仗义、舍己助人之士。这许多特质都是我在当今的中华绅士们身上依旧可以看到的，五千年的文化底蕴给了我们更为深刻的内涵，对个人、家庭和国家、社会，都有更大的责任感，使人可以安心托付，含蓄、内敛，多做少说……这些都是个性直率、及时行乐的欧美人士所不及的。

在现今欧美社会里，还是以“绅士精神”作为男孩儿的教育标准。“中华绅士”们的好处在这里咱就不加赘述了，参考一下欧美的现代绅士精神，作为精益求精的借鉴吧！

尊重他人，不以自我为中心

我看过一套影片，介绍英国私立贵族式幼儿园的教学方式，是一群儿童教育学者、儿童心理学家为建立学前儿童人格特质所共同设计出来的。

在开学的第一天，老师将男孩、女孩分隔成两群，第一件宣布的是今后称呼男孩一律为绅士，女孩一律为淑女，孩子在入学的第一天就得到 gentleman 与 lady 的新定位。

这些小小绅士和淑女在学校里学到的第一个字，就是“尊重”(respect)。老师告诉小朋友们：

说谎的孩子没有信用，那是不尊重自己的荣誉；

绅士和淑女要懂得礼让，不要插队，也不能抢别人东西；

绅士和淑女不能乱丢纸屑、不要浪费，这样是不尊重环境；

要爱护动物，扶助弱小，真正的强者不会仗势欺人。

当孩子们都习惯了“尊重”这个字后，就开始教第二个字：感恩(appreciate)。他们在接受正式教育之前的人生第一课，就是学习如何做个懂得尊重和感恩的绅士和淑女。这也不难解释为何欧美的孩子在学校里会积极参与公益活动，比如到医院、孤儿院担任义工；做“Big Brother”成为楷模，辅导贫困的弱势儿童……在这些活动中，学习不自私、为他人奉献服务的宽大胸襟。

在美国的高中生都有机会参加校园舞会。这一天，男孩儿要换上燕尾西装，女孩儿要穿着漂亮的晚礼服，接受男同学的邀请，一本正经地让男伴接送，在舞会中共舞。这是青少年学习社交礼仪和两性互动的好机会，类似“成年礼”。父母通常比孩子还要兴奋，会早早陪着做计划、面授机宜，都希望青涩的丑小鸭能从此蜕变成为风姿绰约的公主和风度翩翩的王子！

开放的态度和正向的指引，使得欧美的男性在成长的过程中，更懂得对女性表现出风度，时时都展现“女士优先”(Lady First)的礼貌。在我记忆里，即使是男性上司，和女性下属相处时，也不因自己是主管的身份而对女性下属呼来喝去、摆架子——上下车会为女士开、关车门；进出电梯时会让女士先行；遇到提着重物的女士，也会主动来帮一把……虽然他的职务是“上司”，但他们更记得自己是个“绅士”，这一点是非常值得欣赏和表扬的。

周心怡设计作品

讲究情趣，生活丰富

教会里有个姐妹嫁给了美籍丈夫，有一次他们到家里来看到了我的画，赫然发现他在不知情的情况下，自邮轮的拍卖会上收藏过我的作品，在认识我之前就是我的“粉丝”！这下可不得了！这位弟兄回家后兴奋得一夜无法入眠，振笔疾书，第二天托太太交给我一份满满五大页的建议书。除了极尽赞美之外，还有各种拓展的方案，包括沿着美国高速公路张贴我的画作广告牌，开记者会献画给美国总统，等等。读着这样煞有介事、呕心沥血的报告书，除了感动和感激，也让我见识到他们的天真，尽管已经有大学教授的优越地位，仍然有这样浪漫的童心，在我们看来或许不切实际，却是他们创造力的来源，也是快乐的因子。

欧美的男性不管有钱没钱，都比较注重生活的情趣。东方人赚了钱，会先存下来做养老基金，但欧美的男人，会安排奢华的度假。明天的烦恼？等到明天再解决！不同的价值观让两种文化的男人有不一样的选择：比如情人节，欧美男士会给心爱的人儿买一束红玫瑰、一条碎钻项链（不以保值为出发点），把孩子、工作支开，共度浪漫的两人世界。而咱华人比较实际，情人节买玫瑰多不划算！不如把钱拿来买只烤鸭，肉吃完了骨架子还能熬汤，一点不浪费！这笔账虽然算得精明，却少了许多美丽的火花。然而生活里常常需要情趣的点缀，否则日久天长，就像摆久了的香槟，没有了那刺激味蕾的气泡，便平淡了滋味。

或许是受到重男轻女的观念影响，东方的男性很受保护，也从小被赋予很重的责任，许多生活琐事有长辈代劳，除了读书、赚钱以外，不太分心于兴趣的培养，更别提什么天马行空的想象。

相较之下，欧美的男人没有那么娇贵，从小被“放养”居多，学校的教育让他们不只注重课业成绩表现，还有才艺、体育、社会服务等多重的考核；18岁独立之前，也会利用机会打工，及早接触社会，训练了独当一面的胆识和能力。比较于东方人的深沉，欧美男士们的生活似乎丰富充实得多，心理年龄也年轻得多，乐观的活力使他们不服老、不怕老，任何年龄都能有尝试新鲜事物的冲劲，也随时准备好恋爱的心情。

注重仪表，讲究礼仪

不管是在台湾或大陆，我们的老一辈都曾经历过胼手胝足的辛苦日子，对生活的要求以满足实际需要为主，美感和品味是奢侈的。当日子渐渐富裕了，有能力讲究了，却因为缺少“训练”，不太明白“美”要从何展现起。往往呈现两种极端——一种是炫富，另一种，则是不修边幅。

过犹不及，品味是一种生活态度，是无形的智慧、长久的熏陶，与花钱多寡没有必然的关联，有时还会适得其反，显出庸俗；而不修边幅，则是一种以自我为中心的表现，个人的卫生习惯、外在形象，若不能给予别人愉悦的感受，就算自己再舒坦，也不值得称许。

对于女性而言，其实不管是西方的白马王子，或是儒雅的中华绅士，都要适合自己，当缘分来到，频率对焦，一切都 OK 啦！但彼此尊重，互相体谅，共同进步，是永远修不完的课题；圆融、和谐的相互关系，让这个世界将会更加美好。唯愿将自己冷眼旁观的心得分享给大家。从小处看大，心胸开阔、兼容并蓄的中华绅士们将能把别人的优点发扬光大，带着自信走向国际，且让世界瞧瞧所谓泱泱大国的君子风范吧！

倩影

谜

多想看一看，
你的眼底可有笑意隐藏？
多想探一探，
你的心里可有话儿对我讲？

听不见回答，只依稀窥得镜中模样。
头儿甩甩，发丝轻扬，
以为盼到你绚丽的转身，
结果还是虚幻一场！

怎的这样难寻又难访？
是怕风花雪月一场，
还是不信地久天长？

只愿留下背影让我继续猜想，
唉！难道答案就是这样？

第伍章

爱的鼓励

清洁的心，正直的灵，是生命的新生

在以色列农村，每当庄稼成熟可以收割的时候，靠近路边庄稼地的四个角都会留出一部分作物不收割，为的是让任何有需要的人去取用。据说，这是感念上帝给曾经多灾多难的犹太民族今日享有幸福生活的回应。他们用这种方式来答谢上帝，也让那些路过此地没有饭吃的贫困路人得到供应。他们认为，与人分享收成是快乐的，它不只是一种感恩的心意，也是一种美德。

在韩国北部的乡村公路边有很多的柿子园，金秋时节，随处可见农民采摘柿子的忙碌身影，但是，采摘结束后，有些熟透的柿子也不会被摘下来。这些留在树上的柿子，成为一道特有的风景，一些游人经过时，都会说：这些柿子又大又红，不摘岂不可惜吗？但是当地的果农则说：不管柿子长得多么诱人，也不会摘下来，因为这是留给喜鹊的食物。

是什么使得这些人留有这样一种习惯呢？据说，原来这里是喜鹊的栖息地，每到冬天，喜鹊都在果树上筑巢过冬。但是有一年的冬天，天气特别冷，下了很大的雪，几百只找不到食物的喜鹊一夜之间都被冻死了。

到了第二年春天，当柿子树重新发芽长叶时，一种不知名的毛虫突然泛滥成灾，结果那年的柿子几乎绝产。从那以后，每年秋天收获柿子时，人们都会留下一些柿子高挂在树上，作为喜鹊过冬的食物，留在树上的柿子吸引了许多喜鹊到这里来，喜鹊仿佛有情也懂得感恩，春天都不飞走，一直忙着捕捉树上的虫子，从而保证了这一年柿子的丰收。

今年我家院子里栽种的果树已经陆续收成过的有枣子、苹果和无花果，树比去年高多了，因此，有好些果子长在顶端不容易摘得到，成了飞鸟和松鼠的食物，每当看见一颗颗果子被啄了一小口就掉落满地，心里觉得好可惜！但转念一想，这不正是神为飞鸟和松鼠预备的食物吗?

《圣经 · 马太福音》就告诉我们：“你们看那天上的飞鸟，也不种、也不收、也不积蓄在仓里，你们的天父尚且养活他，你们不比飞鸟贵重得多吗？你们哪一个能用思虑使寿数多加一刻呢？”

但是人不信神的告诫和指引，偏行己路，任意而为，用尽思虑计谋和方法为自己牟利，使得人原本美好的生活环境被邪恶的心破坏了。看每天发生在世界各地的惨事和争斗，骗局层出不穷！有毒食品的事件只是冰山的一角，已成了我们生活中极大的冲击！ 在美国的华人超市也受到影响，很多食品都下柜了，人人自危，到底是地球村啊！

罪是会蔓延也是会长大的，那些图谋利益的人为什么想不到，或许他能自己不吃毒奶粉，但难保他不会吃喝到其他人和他一样心思做的皮革胶囊、假酒、假糖……即使在这里吃不到毒奶粉，也会吃到其他的毒物。如果人没了爱人的心、不为别人想，到哪里可以有让人能安身的地方呢！这世界的人、事、物原是互利互惠的，若只求自己的益处，恶果也会共同承担。

好的管理制度是可以在有效的范围内改善、约束恶事，但不加约束的权势太大了，正如《圣经 · 罗马书》："我也知道在我里头，就是我肉体之中没有良善，因为立志为善由得我，只是行出来由不得我，我真是苦啊！谁能救我脱离这取死的身体呢？"只有像大卫一样向神呼求："求你再为我造清洁的心，使我重新有正直的灵，求你使我仍得救恩之乐，赐我乐意的灵扶持我，我就得救赎，得以在爱中活。"

啊！清洁的心，正直的灵，是生命更新的呼唤，是爱的源头，是活水的涌流……在爱里不会有惧怕，也没有诡诈，只有不止息的真情、善意与美好相互交替。

前面的两个故事就是可以让我们看见一种"分享"的爱中情分。其实给别人留有余地，往往就是给自己留下了生机与希望。自然界的一切，都是相互依存的，一荣俱荣，一损俱损。给予，是一种快乐，因为给予并不是完全失去，而是一种丰富的收获。给予，也是一种幸福，因为给予不但能使你的心灵美好，也让人在爱中互惠，享受天地与人之间的温暖互动！

喜收金稻庆有余

净土

我有一片净土，在我心的角落
可以日出而息，日落才作
都说人间烟火最是难躲
我让愁烦劳苦在此滤过
只留花影婆娑，影歌交错
看蝶儿飞舞，鱼鸟穿梭
不问情是何物，不理爱恨几多
调好颜色，就可随意涂抹
画个故事，用诗解说
这样耕耘，自得其乐
别说：莫！莫！莫！
谁若爱猜
我也不说：错！错！错！

争气和出气

一连下了好多天的雨，难得太阳露出了笑脸。我和妹妹带着猫咪在院子里，享受着久违的暖阳，突然她想起刚刚收到的一则趣闻：人为什么天生就要呼吸呢？

答案是：人活在世间都是竞争，所以吸气其实就是为了“争一口气”，而呼气则是为了“出一口气”！

你觉得这是哲理，还是生活战场上透悟出的道理？是笑话，还是无奈呢？

我和妹妹聊了起来。想起小时候求学的经历，还真是“争气”和“出气”交替的连续剧！在地小人稠的台湾，孩子们的升学考试是每个家庭为人父母的重头大戏。我们姊弟三人，在身为教师的妈妈陪伴下，都是身经百战的勇士。从那一张张数不清的考卷旦，走过了多少风雨黄昏，如今能唤起最多记忆的，也就是那一摞摞泛黄的奖状和几张毕业证书后面的故事而已。

妈妈是现代“孟母”。我们小时候的家不用过马路，一出门，左边是小学，右边是中学。这个地理位置是我和妹妹从读幼稚园开始，住到高中毕业的家，在爸妈选了又选的明星学校旁边。

当时在台湾念书，是实行九年义务教育，也就是初中毕业以前，就读公立学校的，一切学杂费可以全免，因此私立学校必须以好师资和好的教学绩效来号召，这样家长才有可能愿意为孩子另付昂贵的费用到私校就读。

相同想法的家长太多了，因此私校也以各种名目挑选条件好的学生，让巧妇有好米可炊，自是一种良性循环，却苦了羔羊般的孩子。因为从四面八方汇集而来的佼佼者，造成每次考试的分数差距极小，却可能是天和地般的符号定位。现在想来，那时候的我们还真是天天为争气和出气而忧伤和快乐！

求学时妹妹的荣誉感最强，永远要争取第一！纠缠在分数上的经历也最多，一心要考取第一志愿。当她如愿考上台湾第一学府台大后，原以为可以松口气，教授又对他们说：要抱定用四年的辛苦换取终生幸福的决心……聊到这里，我们都哑然失笑了，因为从念研究所、考取会计师、工作岗位的变换，直到现在，妹妹还不断以参与各种考试来鞭策自己。不过，因着信仰，在价值的衡量上已少了得与失之间的忧喜，明白人活着虽然真是靠着那一呼一吸的气息，但生存的意义却不仅仅在于争竞，现在的她可是快乐自信又美丽的美国公职人员。

时下多少教育工作者，还是传授以“成败”

论英雄的观念，又有多少人在不能负荷的压力下得了忧虑症！身在今天这个不安的世代，精神方面的陶冶和接触，相形之下更是迫切，因为人真的太渺小了！如沧海之一粟，尤其在美国，一个几十人的研究室全是博士！教会有一位弟兄是昆虫学的博士，有次听别人和他的对话：

“你对昆虫的生态一定全认识吧？”

“昆虫种类太多，我只研究蜜蜂。”

“那对蜜蜂一定很了解了？”

“不完全，至少不懂他们之间的语言。”

看来，人穷其一生能饮尽的知识，也只不过像喝到大海里的一口水，无可夸耀。只要走在正确的人生道路上尽心努力，不计较得失才能活得踏实。生命是可贵的，我的信仰教导我们，要保持平静安稳的心，怀抱着“荣神益人”的心志，快乐向前行。做积极乐观的自我要求，这才是一条平安喜乐且宽广的人生之路！

玫瑰冠
Scarlett Chou

不抱怨的世界

朋友们最近在推荐一本书《不抱怨的世界》。

一看见“抱怨”这两个字，我就惊觉这真是我们生活中常有的事，且总是随性而生。

想想，每当遇到心中不平，不愿接受不如己意的人或事，不经意地就会开始怨天尤人，抱怨起来了。可是，当我们开始抱怨，也就是将焦点放在不如意、不快乐的事情上时，虽然只是为了表明我们自己的想法，可是这样的想法和情绪就影响了我们的生活。而且那还是一个恶性循环，一种负面吸引力的法则：因为你的抱怨和牢骚越多，你所招惹来的拖怨、牢骚和负面能量也会越来越多，越来越大。

美国知名牧师威尔·鲍温为此发起了一项“不抱怨”的运动，邀请每位参加者戴上一个特制的紫色手环，只要一察觉自己抱怨，就将手环换到另一只手上，以此类推，直到这个手环能持续戴在同一只手上 21 天，那时你就已养成不抱怨的习惯了。

不到一年，全世界就有 80 个国家的 600 万人热烈参与了这项运动，学

清香深处住
心怡
辛卯年

习为自己创造美好的生活，甚至进而影响了他人，让这个世界多充满一些平静喜乐、活力四射的正面能量。这样的心灵活动就像把家里打扫干净，不但自己住得怡然舒坦，客人来了，更是觉得愉悦自在。不抱怨的好习惯，不仅净化自己的心灵，也温润了人与人之间的关系。

我想，除了以这样的活动方式提醒自己养成不抱怨的习惯之外，培养包容的度量和愉快的心情也是很有用的。西方哲人说：愉快的性格是成功的灵魂！有时一点小幽默也能加强自我的调适力，化解别人心中的不快。

有两个小故事就满能反应效果的。

（一）聪明的婆婆

有个婆婆，很会做人。

她的儿媳和儿子一起在美国攻读学位，某天她到美国看他们，发现儿子胖了，媳妇却瘦了，婆婆心疼媳妇，说：“怎么会瘦成这样？”

年轻的媳妇一时忍不住，对婆婆吐苦水，抱怨先生懒惰，不会做家事，对外连认路都会出差池，做什么错什么。

当然，世界上没有任何婆婆会想听媳妇抱怨儿子的。

大部分的婆婆都会忍不住替儿子说话，但是这位婆婆很聪明，她听完媳妇抱怨后，只微笑着说出了一句话：“可是有一件事他做得最对。”

“什么事？”

“就是娶了你啊。”

媳妇听了，感受到被肯定的温暖，不平之气也就烟消云散了。

这位婆婆在媳妇“应该要不高兴”的时候，还能够扭转气氛，轻轻地把已经点燃的火药引信踩熄，正是懂得处理抱怨的高手啊！不然，像电视剧《双面胶》的悲剧就处处可见了！

（二）大度的妈妈

这是一个发生在普吉岛 ClubMed 度假村的故事。

有一天，大厅里突然有一位满脸歉意的日本工作人员，安慰着一位大约四岁的西方小孩，因为这小孩饱受惊吓，已经哭得精疲力尽了。

问明原因之后才知道，原来这位日本工作人员一时疏忽，在网球课结束后，少算了一位，将这位澳洲小孩独自留在网球场。

等到她发现人数不对时，才赶快跑到网球场，将这位小孩带回来，而小孩因为一个人在偏远的网球场，吓坏了，哭得稀里哗啦的。

现在澳洲小孩的妈妈出现了，看着自己的小孩哭得惨兮兮的。

如果你是这位妈妈，会怎么做呢？很可能抱怨，甚至投诉这位工作人员；或是很生气地将小孩带离开，再也不参加儿童俱乐部了。

结果都不是！

这位妈妈，蹲下来安慰四岁的小孩，并且很理性地告诉他：已经没事了，那位日本姊姊因为找不到你而非常紧张难过，她不是故意的！现在你去亲亲那位日本姊姊的脸颊，安慰她一下吧！

当下那位四岁的小孩，掂起脚尖，亲亲蹲在他身旁的工作人员的脸颊，并且轻轻地告诉她："不要害怕，已经没事了。"

我想妈妈这么做，不但消除了孩子恐惧的阴影，也激发孩子独立自信和包容的心态，比起抱怨，会让工作人员得到更好的经验。

所以我们的生活即使是在充满花香的玫瑰园，也会遇到太多的不如意，因为每一株玫瑰都有刺，正如每一个人的性格中，都有你不能容忍的部分。爱护一朵玫瑰，并不是得努力把它的刺剪除，而是学习如何不被它的刺刺伤——还有，如何不让自己的刺刺伤别人。

那就试着学习面对"抱怨"的问题吧！

从今天开始，养成正向思考、积极行动的"不抱怨"习惯，让幸福快乐长伴左右！

我们的手中，握有翻转人生、改变世界的秘密呢！

欣赏他人的优秀

《掌声响起来》是台湾的“帽子歌后”凤飞飞唱过的一首很受欢迎的老歌，前些日子她过世了，勾起多少歌迷的不舍与怀念，她的歌声曾伴着人们成长的岁月。想起她在一次受访中谈到当初录制这首歌时，曾在录音间里哭了两个多小时，因为歌词反映了她在歌坛一路走来的心路历程和所承受的人情冷暖。

成功总是艰难的，每一个成功的人或事，背后几乎都有艰辛的故事，所以掌声所代表的是一种得之不易的肯定。我想，如果人人都能经常听到别人或给予别人一些赞美和鼓励，当掌声响起时，那份喜悦，应是过程中爱的互动和温暖的共享，以及美好的光明面，让人都有奔向成功道路的信心和愿景。

看过一本书《赏识你的孩子》，那是一位南京的家长写的。为容是叙述他如何将原本智商低于一般人的女儿，培养成优秀人才的过程。简介中指出他用的方法，就是以赞美和鼓励来赏识生命的尊贵和价值，而这种赏识的根基就是爱。

还有一位美国著名的商业领袖——肯奈斯 · 布兰查德博士 (Kenneth Blanchard)，当代的管理大师。他曾帮助世界上许多公司进入全球 500 强，他推荐大家使用“一分钟赞美”，当人们做对事情的那一刹那，就给予即时的肯定。他说：如果经常这么做，被赞美的就会真的变成我们赞美的那样。因为赞美也是一种力量，使人的潜能在鼓舞中被开发。

小时候我有几年是在外语学校就读，学校教学的方式很活泼，上课时老师总是鼓励学生们踊跃发言，尽情表达自己的想法，思考性的问题并不限标准答案，并且用欣赏的态度给予称赞，也教导大家彼此给予鼓掌。因此同学们不但不会担心自己的表达是否正确，反而争先恐后地抢着发言，共同讨论，互相欣赏，学习的心态很愉快。

后来我进入国校，课堂上规定小朋友上课时，手要背在椅子后面，端正坐好，老师的手上还有教鞭，答错了会被指责，因此大多数的同学都不敢主动发言。由于少了自在讨论的气氛，也就压抑了开放的思考空间。长大后，同学们很感叹这样的方式使他们的自信被削弱，反而变得输不起，看来这两种不同的教育方式，真是塑造了不一样的人格特质！

能欣赏别人的优秀是一种高素质的情怀，给予别人适时、适当的赞美和鼓励，更是彼此建造友谊的机会。第一次登陆月球的航天员是大家所熟知的

霞晖

阿姆斯特朗，其实还有另一位是奥尔德林。记得有一个这样的故事，在庆祝登陆月球成功的记者会上，有一个记者突然问奥尔德林一个特别的问题：由阿姆斯特朗先下去，成为登陆月球的第一个人，你会不会觉得有点遗憾？

这个问题似乎有些尴尬，奥尔德林却很有风度地回答：各位，千万别忘了，回到地球时，我可是最先出太空舱的。

他环顾四周，笑着说：所以我是由别的星球来到地球的第一个人。

大家在笑声中，都给予他最热烈的掌声。奥尔德林让我看到一个真正有自信的人，懂得肯定自己，也懂得欣赏和赞美别人的机会与成功，因为每一个人都是独一的，各有所长，如果只想荣耀自己又吝于赞美，不愿肯定别人的努力，是不会带来喜悦的。

有一种流行的健身运动叫“拍手功”，我很欣赏这运动的口号：要听到掌声得先拍自己的手。是的！让掌声响起来吧！就像歌词写的：

掌声响起来，我心更明白，你的爱将与我同在。
掌声响起来，我心更明白，歌声交汇你我的爱。

爱的鼓励

电视中传来王力宏的歌声，那是一首由他自己作词作曲的歌，歌名是《爱的鼓励》。

太阳会出现，只要给一次机会
心情一飞冲天，带你的烦恼 away
每一次，在谷底跌倒，来一点高潮
Baby 想给你爱的鼓励，在你需要的时候加油打气
Baby 想给你爱的鼓励，雨后还能有彩虹别放弃
太阳出现了，感谢你给我机会
心情哼出来是一首歌，让你听的好甜美
每一次，在谷底跌倒，来一点高潮
Baby 想给你爱的鼓励，在你需要的时候加油打气
Baby 想给你爱的鼓励，雨后还能有彩虹别放弃
每一次，在谷底跌倒，来一点高潮
Baby 想给你爱的鼓励，在你需要的时候加油打气
Baby 想给你爱的鼓励，雨后还能有彩虹别放弃

Baby 想给你爱的鼓励，在你需要的时候加油打气
Baby 想给你爱的鼓励，雨后还能有彩虹别放弃

想起求学时在团体活动中，只要一喊“爱的鼓励”就马上出现整场热烈的气氛！这是一种鼓掌的招式，以组合式的节拍来强化鼓掌的欢喜情绪。每当拍着“爱的鼓励”时，众人还会大声地念着口诀：一二、一二三、一二三四、一二！或将最后两个字改成“呵嘿”，即一二、一二三、一二三四、呵嘿！

这是一种鼓励的动作，能使人振奋。我们都会有这样的经历吧！有时会在刹那间，心情因某些不顺意的事掉到谷底，这时若有人对你说：

“你一定可以渡过难关的。我相信你可以做得到。”

或者说“上帝与你同在，他会帮助你的”，都能给予人坚持下去的力量。因此，被鼓励是人的需要，而鼓励别人更是一种与人相处的必要。一个懂得鼓励别人的人，也能享受助人的喜悦，因为这也是一种友善的互动、爱心的交流。

鼓励人的方式不限于言语，有时用动作说话也很管用，例如面带微笑。脸上带着温暖的笑容，就像门上挂着欢迎的牌子一样，表示我愿意和你做朋友的意思。

有时在交谈当中，我们通过点头和发出一些非说话的声音，来强调我们了解对方的想法，鼓励他继续说下去。又或者是将身体轻微倾近某个人，也能表示你的想法和他不谋而合。反之，如果你总是以双臂环绕在胸前的姿势不变，或是紧紧把双手扭绞在一起，翘着二郎腿，让人感受的就只是你的冷漠和轻视了。

用眼神表达你的鼓励也是好方法。在聆听的时候比在说话的时候更要多用眼神交流，柔和的眼光能让人觉得温暖。

看来，无论采取什么方式，鼓励都是爱的表现，有爱才有力量。

听过一个小故事，有一位母亲从外面带了一个驼背的孩子回家，她担心自己的孩子不懂得如何善待这个有残疾的客人，于是小心叮咛且暗中观

衷曲

察，她悄悄注意自己的孩子会说些什么。几分钟后，他听见自己的儿子对小客人问：“你知道你背上所背的是什么吗？”驼背的孩子大受窘迫，答不出一句话来。母亲正想出面时，儿子说：“不要怕！这是一个装翅膀的匣子，有一天神会替你打开来，那时你就能像天使一样的飞行了。”驼背的孩子抬起头来，眼睛闪着亮光。

愿我们都像这聪明可爱的孩子，有如此美好的意念，不但说造就人的话，用爱除去别人的软弱，也为自己增加了可以彼此鼓励、携手共进的好朋友！

积德不积财

美国《时代》杂志在纽约颁发“2010 年全球百大最具影响力”英雄类人物奖。引起我注意的热门人物是台湾地区一位卖菜的陈树菊女士，她是百大最具影响力英雄类人物里的第八名。从新闻里我看见昨天的庆祝晚宴，真是名流云集，包括美国前总统克林顿，英国维珍集团的总裁布兰森——今年福布斯全球富豪榜中名列 212 名的富翁，知名品牌凡赛斯掌门人唐娜特拉 · 凡赛斯——一位执掌营业额达 40 亿美元时尚王国的强人，还有知名学者……得奖名单上的赫赫名人，确实都是深具影响力的人物。

而现年 60 岁的陈树菊，是台湾台东市中央市场里的菜贩，从 1993 年到现在已经捐款超过 1000 万元用于帮助孤儿、盖图书馆等，今年更筹措 1000 万元成立基金会，要帮助穷人受教育、看病。

陈树菊小时候，母亲难产，因付不起住院保证金而延误了救治，以致和胎中的孩子双双死亡。当年她在台东仁爱国小毕业，品学兼优的她，原想继续升学，但是因着遭到这样的家庭变故，她只好放弃升学，接手母亲留下赖以维持家计的菜摊。

从此她就在台东中央市场卖菜，至今已经47年了。每天凌晨3点钟，人们还在休息的时候，陈树菊已经在果菜市场批货。尽管钱赚的不多，但她省吃俭用，甚至一天三餐只花100元台币，就是为了存钱做善事。也为了照顾家庭和弟妹，陈树菊始终未婚。她的身体不是很好，因为长期站着卖菜，左脚患有蜂窝性组织炎，再加上严重的静脉曲张问题，但是她依然不改初衷，总是说："钱，要给需要的人才有用。"

"积德不积财。人生短短，什么时候回去（离开人世）不知道，留那么多钱，是要给谁？还不如做点善事，积点德。"

"钱财生不带来、死不带去，回馈反而带来喜悦。"

"帮助人又没什么，大家都可以做。舍得与不舍得而已，只要有心，一定能做到。"

这位女性同胞让我看到她不轻看自己的力量，正如当年教导她的老师说"她是一个很平凡的人，在做不平凡的事"，日积月累地默默奉献她的爱给需要的人，比起有大能力做善事的人更见伟大。从照顾家中弟妹到无数的孤儿，她散发着母性的光辉，那种"幼吾幼以及人之幼"的胸怀，不正是人性中最善良、光辉的一面吗？

我相信在我们生活的周遭，像这样有爱心的小人物一定很多，只是陈树菊的故事被李安导演发掘，有机会将她的爱心传扬，真是很有教化的影响力！虽然，中国人强调"为善不欲人知"是很好的德行，但是我觉得今天社会上有太多因自私、贪婪、利欲熏心、凶残引起的事件让人恐惧不安，人与人之间失去了相互的关心和信任，多么需要多一些这样温暖有爱的事件被报道，好对世人发出爱心的呼唤，让这个日渐冷漠的世界还能感受到爱的走动。

喜逢甘霖

如果生命只剩下一百天

如果生命只剩下一百天，你会如何面对呢?

会想着有多少事还没做，有多少话还没说，有多少爱还没有表达吗?

最近读了一本很触动人心的书《留下的纸条》，主人公是一个六岁大的美国小女孩艾琳娜。照片中的她有着一双大大的蓝眼睛，甜甜的笑容挂在圆圆的小脸上。她和所有的美国小女孩一样，喜欢穿着粉红色荷叶边的小裙子，黏在妈妈身边撒娇，谁也意料不到，她竟然在六岁的稚龄就被病魔夺走了生命。

2008 年，艾琳娜被确诊患上了脑瘤，医生告诉她的父母，小艾琳娜只剩下一百多天的日子了。随着病情逐日加重，艾琳娜渐渐失去了语言能力，曾经像小百灵鸟一般的孩子，再也说不出话了。懂事的她似乎明白发生了什么，于是，在剩下那短短的日子里，她用画笔画下了很多很多的小纸条，藏在家里的每个角落。这些小纸条，不论是给父母的，还是给妹妹的，上面都写满了“我爱你们”的真挚心意。

2008 年 8 月，艾琳娜离开了人世，她的父母在整理衣物时，在一个背包里发现了第一张纸条。随后，他们在书架上、在化妆台的抽屉里、在瓷器柜里发现了越来越多的纸条，竟然找到一百多张！想想在患病的末期，她的舌头和上颚瘫痪，不但说不出话，右手几乎完全不会动，是很难用手来帮助自己表达思想的，她画下这些纸条是多么不容易啊！然而她却用生命最后的时光，写下了对家人的爱。小小年纪的她如此认识亲情的可贵，又如此全然地倾倒出自己心灵中最真挚的情感，怎不令人为之动容啊！

这些充满亲情的纸条，和艾琳娜父母为她写的病中日记被集结成书，书名就叫《留下的纸条》，销售所得将全部捐给艾琳娜父母所设立的“医治由此开始”基金会，让艾琳娜天使般纯洁的爱心，能分享给受着同样病痛煎熬的小朋友们。除了经济上的支持，亲情是这些重症儿童对抗病魔最强大的后盾，艾琳娜所留下的纸条，不仅安慰了她的父母和妹妹，更安慰了无数病童和家人们的心。

除了这些已经打开过的爱心纸条，艾琳娜的爸爸妈妈还各自保留了一张没有打开的纸条。思念爱女的父母说：我们总是希望家里还会再发现从未读过的纸条。我想他们一定相信艾琳娜仍然时时与他们同在，因为爱不会被忘记！

艾琳娜的故事提醒了我们，人生何其短暂啊！匆匆来去，要珍惜身边的每一份感情，要及时地对我们所爱的人们表达心中的爱。最近在新闻报道中，读到两个小朋友受电视剧的影响想回到古代，相约玩穿越而自杀，让人为小小的孩子感到多么惋惜和不舍啊！生命是最宝贵的，艾琳娜想活而不可得，为什么能活的却如此轻生呢？虽然逝者难追，相同的思念都在离别后，然而有爱的思念不会让人软弱。

青花

青花瓷

那隐藏着千年的起初和结局，
牡丹吐心事，
仕女含笑意，
描绘的美丽一如初妆的少女，
含羞的笑飘散在风里、雨里。

转身又见雨打芭蕉，声声细腻。
看这里，那里，都是青花瓷的身影。
窑里燃烧的秘密隔着千万里。
炊烟依旧轻诉着前尘记忆。
看她传递的深情深意，让我也将故事延续。

不要论断人

求学的时候，最喜欢上历史课，尤其喜欢听许多历史人物的小故事。即或是很小的故事，有时也深藏着大的道理，总能在生活中产生启发作用，就像镜子，让人自省、反观、激励、警惕。

唐太宗就曾说过，他有三面镜子，一为铜镜以正衣冠；二为古镜（历史）以古鉴今，得知兴替；三为人镜，可以明得失。他的人镜即指魏征，可督其言行。唐太宗之所以取得贞观之治的盛世，主要得益于“史”与“人”这两面镜子。魏征死后，唐太宗亲自到灵堂放声大哭说：我失去了最珍贵的一面镜子。

生活在现今这个时代，有如置身于炫目的万花筒里，拥挤的资讯、复杂的思维和难以捉摸的人心，都让人常常忘了“我是谁”，看来唐太宗的那面镜子于今人，比起古时应是更有需要啊！

学习先从镜子里看自己，就是很重要的一项功课，人本来是看不见自己的，只有从镜子里，才能察觉自己形之于外的样子。由于爱美是人的天性，追求美也是潮流所趋，因此人总少不了要在镜子前常常打量。像许多的政治人物、演艺明星、职场专业人士，更需要借助于形象的包装，来打造一个能在镜子里看得见的美好。但是我想照镜子的重要，还不仅止于外表一项。从小就听过“相由心生”这句话，但相由心生的“相”，不是平常的表情，而是人心态心境长期积累的外化，并固定在人面上的。因为，人是惯性的动物，心理思考模式加喜好，形成一个人的外在，所以照镜子不只是正衣冠，还该是自我省视的方式吧！

学习与人彼此为镜相互成长，魏征被唐太宗视为“人镜”，是因为魏征忠于谏臣的职责，凡是他认为正确的意见，必定当面直谏，坚持到底，决不背后议论，这是他的可贵之处。但是谏言和批评、论断是不一样的。

《圣经 · 马太福音》教导：“你们不要论断人，免得你们被论断。因为你们怎样论断人，也必怎样被论断。你们用什么量器量给人，也必用什么量器量给你们。为什么看见你弟兄眼中有刺，却不想自己眼中有梁木呢？”

所以在基督里若有什么劝勉，爱心有什么安慰，圣灵有什么交通，心中有什么慈悲怜悯，人们就要意念相同，爱心相同，有一样的心思，有一样的意念……只要存心谦卑，各人看别人比自己强。各人不要单顾自己的事，也要顾别人的事。

这样以爱心互相支持，切磋砥励，有朋友彼此为镜是很幸福和幸运的事。

学习以历史故事中的人或事，作为另一面重要的镜子。如同古月照今尘，让我们在遇到困难或试探时能得到及时的提醒。

记得在《三国演义》中，有草船借箭这个故事，当时读起来就觉得妙趣横生，如今也令我回味无穷。故事说周瑜自作聪明想陷害诸葛亮，却不料聪明反被聪明误，不但成就了诸葛亮的美名，还令自己落了个气量狭小、忌贤妒能的恶名。

在我看来，草船借箭所表现的不仅是诸葛亮的神机妙算，还告诫人们不可有妒忌之心。

因此，镜子不论是物质的或是历史的，或是人物的，都能有反光照明的功用，教导我们心存谨慎，是我们生活中不可或缺之宝啊！

红

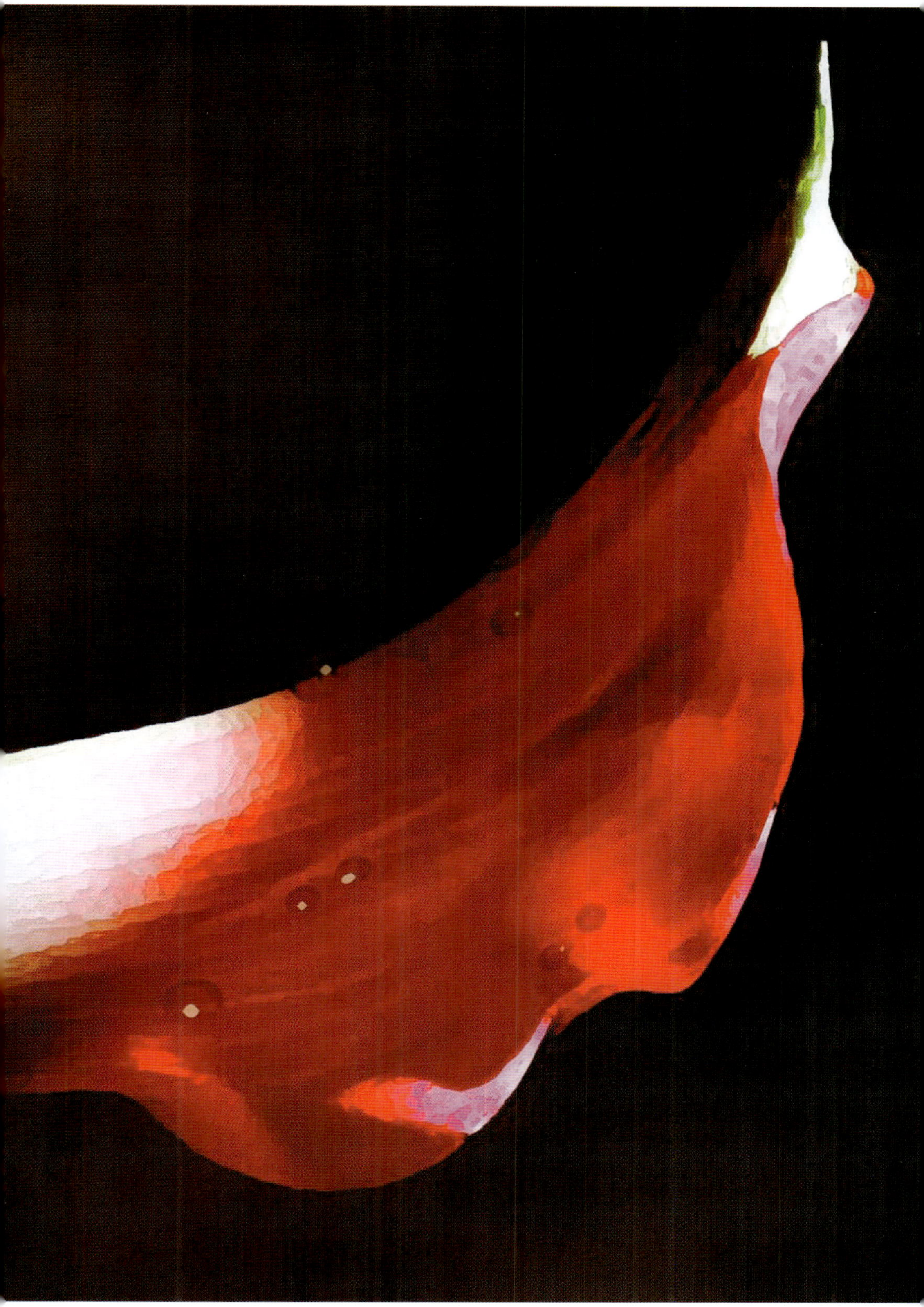

爱在灵魂深处

小时候怕黑，尤其在刮台风的夜晚，停了电一片漆黑，这时妈妈将长长的蜡烛点上，我的眼前总是仿佛看见仙女手中的仙女棒在画着圈圈，那一闪一闪的烛光，让躲在妈妈怀中的我感受着心中的笑像湖水，一圈又一圈的漫了开来。

念初中的时候喜欢读《红楼梦》；也爱古诗词，黛玉葬花的那种悲悲切切和陆游因和唐婉沈园久别重逢写下的《钗头凤》，都叫人觉得荡气回肠。

还有李商隐那首《无题》：

相见时难别亦难，东风无力百花残。
春蚕到死丝方尽，蜡炬成灰泪始干。
晓镜但愁云鬓改，夜吟应觉月光寒。
蓬山此去无多路，青鸟殷勤为探看。

相见难别亦难是怎样的一场情思依依！尤其那句“春蚕到死丝方尽，蜡炬成灰泪始干”，更是具象地为春蚕和蜡烛在心中立下了坚贞的牌坊，以及那种为爱至死不渝的精神。在繁重的功课压力下，我还是偷偷地在数学计算纸上编写了好多虚拟、幼稚的故事。小时候会笑的蜡烛，成了流泪的幽魂，飘荡经年。

上了高中，家政课老师教大家自己动手做蜡烛。一群同学兴高采烈地发挥创意，很多造型特别、经过雕琢后的蜡烛展现了不同的风貌，有的看起来像令人垂涎的水果，有的像带着香气的花朵……都栩栩如生地为蜡烛换了新貌，放在展览架子上就像艺术品般被珍视。当角色变了，蜡烛那种独自垂泪到天明的哀戚也随风而去。

再后来大学生活中的烛光更是伴随着音乐和浪漫翩翩起舞。小小的烛光晚餐，荡漾着梦境般的甜美；多人的聚会里，它成了收集愿望的百宝箱；教堂里的婚礼，新郎、新娘以誓言点亮同心烛；归回天堂的灵魂随它引路安息地同行；当天地忽然变色时，人们心中的爱和祝福也谦卑地借着它，将馨香之气送到上帝的座前。

这时上帝要人领悟：神国的来临不是从缥缈的远方，也不是遥不可盼的未来，它就在人心的深处。只要你看见人手中的那一支烛，就能照亮你心中的眼睛，看见这时手执烛火的人，正是站在一片以爱为旗的领土上。爱是在每一个人心的深处，心的深处都有一片爱之土，当爱土与爱土相连，就是一大片领域，那里就是神国的降临。他是即时的、随处随在的，因为神国中的人手执蜡烛，其实就是要作蜡烛，谦卑地付出自己，用泪水倾诉无声的爱。燃烧后的灰烬飞扬着灵魂的呼唤，就像我口所唱的诗歌：有一种爱像那夏虫永长鸣，春蚕吐丝吐不尽。还有什么诡诈的言语不被识透，刚硬的石头不被爱泉滴穿？

烛火，温柔的光，请看着它，用你爱的眼神……

晓梦迷蝴蝶，春心托杜鹃

第陆章

乡愁：我在这头，祖国在那头

千里共婵娟，万缕两岸情

这些年经常和家人到北京、上海旅游，每一次的旅程不论是看山看水或是购物享美食都是欢喜出门，满载而归。只有隐藏在内心深处的遗憾和思念总是不经意地会让我有些黯然神伤。

外婆的家乡在四川成都，在那动荡的年代随着外公离乡背井来到台湾，从此和故乡的亲人音讯隔绝了四十年。每到年节，总会看到外婆心中的牵挂，有时翻着月历，会自言自语地念叨着，今天是谁的生日，他（她）最爱吃的是什么。

“人有悲欢离合，月有阴晴圆缺，此事古难全。但愿人长久，千里共婵娟。”苏轼的《水调歌头》是思念手足之情最经典的作品，在外婆思乡的眼神中，我似乎体会了那月光般绵绵无尽的遗憾和盼望。

还记得二十多年前，外婆因肠癌刚做完化疗，适逢台湾开放了到大陆探亲的政策，这对于离别家乡长达四十余年之久的外婆来说，真是天大的喜讯！ 她急切地盼望能够在有生之年重回四川成都和亲人们团聚，可是她的身体怎能负荷这样的长途跋涉呢？所以家人一直劝她缓缓再议，但是拗不过她的思乡之情，最后外公陪着她千里迢迢地从台湾南部的高雄到台北，再绕道香港，从香港转入国内其他的转程。终于，外婆见到了尚存的两位兄弟（我要称呼外舅公吧），这可真是一条悠悠远远的漫漫长路啊！还有沉重的四十年乡愁和四十年的相思泪水。

久别重逢是无以言喻的喜悦，也有诉不尽的伤感，外婆揪心的遗憾就是想着自己当年的养尊处优，从不曾为家人做过一顿饭菜。如今归来，一身好手艺，却已见不到能享受孝心的父母，正所谓子欲养而亲不待。为此，虚弱的外婆，仍然亲自做了好多好多的菜和点心，祭拜在双亲的坟前。那份为人子女的孝思和天人永隔的悲怆情怀，真是任谁也难以承受！就这样的一趟来去，外婆回来后不久，癌病复发就去逝了。如今在时空交错、变幻无常的世代里，思想外婆，虽是时代悲剧中的一个小小故事缩影，但是每当想起那时的记忆，还是会让我唏嘘不已。

现在两岸三通直航了，往返越来越便捷，要是外婆还健在，就不用那么千辛万苦地千万里长征了，随时都可以让我们带着她在国内四处玩玩呢！

人世间的悲欢离合，就是那样的万般无奈，可是悲剧从来不曾停止。美国总统奥巴马以“改变”作为他竞选时的诉求，也因此而迎得民心。是啊！这世界需要有很多改变，让冷漠变温暖，让仇恨变成爱……只有改变才有转机。人心若是都能多一点爱，世界就多了份祥和，少了份纷争。

想起上次海协会的陈会长在台湾访问时念到的《三国演义》的开场词：

滚滚长江东逝水，浪花淘尽英雄。是非成败转头空。青山依旧在，几度夕阳红。　　白发渔樵江渚上，惯看秋月春风。一壶浊酒喜相逢。古今多少事，都付笑谈中。

更加让人感觉特别的深沉和感动，我期盼着两岸能有更多的互动，让同为炎黄子孙的中国人能早日在月明风清的氛围里，同享和乐、安康、自在、幸福的日子！

山情水意君不知

相思河

你在对岸等我，
我却渡不过相思的长河。
心如孤帆没有舵，水上漂泊。

风起时，茫茫然逐波，
逐波，
随浪抛起、跌落，
看似近了，实则远了。

月黯时，孤单单撑篙独行，
撑篙独行，
处处防暗潮漩涡。
看似静了，实则险了。

啊！我渡不过相思的长河，
流不尽的泪水如暴雨袭来，
无边的风浪，无助的我，
瞬间被狂涛吞没。

迢迢归乡路，悠悠故园情

赵州桥（来），什么人修？
玉石的栏杆什么人留？
什么人骑驴桥上走，
什么人推车压了一趟沟？

小时候坐在爸爸的怀里，他教我唱着他小时候唱的儿歌，印在脑海里的就只有“赵州桥啊赵州桥”这几个字，慢慢地我知道我的老家就在那儿。赵州桥是我对家乡最早的记忆和想象！梦里除了那充满传奇色彩的赵州桥、梨花如雪的浪漫，还有爸爸小时候跑过、玩过的棉花田……那是曾祖父胼手胝足、兢兢业业建立的家业！而身为周家女儿的我，却只有在梦里去过！

求学时喜欢文史课，读到唐宋八大家之首的韩愈说“燕赵多慷慨悲歌之士”很是动容。尤其是当老师讲述《史记 · 刺客列传》里荆轲刺秦王的故事，描绘当年燕太子丹在易水河边送别荆轲时的情景，让我想象着那些身穿白衣白帽、挥泪诀别的壮士们与高渐离、荆轲击筑，合声高唱：“风萧萧兮易水寒，壮士一去兮不复还”的悲壮歌声，心里竟有一股豪气油然而生，那种千山独行、头也不回的画面是我小时候对英雄崇拜的图腾。

还有那“当阳桥头一声吼，喝断了桥梁水倒流”的猛张飞，有英勇抗击蒙古瓦剌族进扰，写下“粉身碎骨全不怕，要留清白在人间”的壮烈诗篇的于谦，他们都是我挥不去的燕赵情。

而爱美成痴的我也从诗词里看到了燕赵女子的妖娆。相传古代赵国的女子善舞，“燕歌赵舞”成了美妙歌舞的代名词！晋朝左思《娇女》诗中记着“从容好赵舞，延袖象飞翮”，唐朝卢照邻《长安古意》诗有“罗襦宝带为君解，燕歌赵舞为君开”，明朝汪廷讷的戏曲《广陵月》中也有“迓天庥，国泰民安；送年华，赵舞吴讴”的形容。词藻所勾勒的是灵动而鲜活的画面，更让我以血液中有着燕赵女子的艺术细胞而感动。

那一年的夏天，奶奶拿着一个布包袱交给妈妈，里面是大叠的房地契。我和妈妈小心翼翼地整理着年代久远的纸张，那是记录着祖先血汗耕耘的凭证！好些碎片随风飘去，望着留下的一张张从清顺治到民国的千亩黄土地，我的心里有声音回荡：回家去看看！回家去看看！看看那块给了周家人实诚、谦和、淡泊品质的土地。

多少年过去了，回家看看对奶奶这一辈是六十年的悬念，却是选择了沉默。多少年又过去了，或许是冥冥中先人的督促，一份念想成了我的使命感。终于我要真正踏上那片土地了！不是旅游的心境，不是玩乐的情怀。我只想回应心底的呼唤：我回来了，万里迢迢归乡路，依然挺立的赵州桥……我回来了！

在梦远、心近，友情、亲情的交织中，我终于走过了一条穿越时空和心灵的追寻之旅，太多的感怀、感动、感念、感激，虽在不言中却是深刻于心魂之间。

2011 年 10 月 15 日一大早，我们便正式踏上了返乡的旅途。从北京经过三个多小时的车程，来到了河北省会石家庄。进入这个城市的第一印象是它的马路不像北京上海那样的拥挤，也没有随意按喇叭的噪音，天空蓝蓝的。听说在我们来访的前几天都还是阴冷的天气呢，却在我们到达时给了我们一个星期的天高气爽，怎能不让我们被这个城市的热情感动？

雪中的赵州桥

迎面而来的是知名的书法家张济海教授，张教授本人和博客上的印象一样儒雅，更多了一份气定神闲的安逸。这趟旅程多亏张教授的安排，早在八月份有了回乡寻根问祖的念头开始，张教授就非常积极热心地四处奔走，顶着三伏天的烈日，几次进出我的老家赵县寻访，查考我家的族谱，并且悉心安排这趟旅程，终于见到面了，感动之情溢于言表，喜悦也充满心头。

张教授一见面就开心地告诉我们，原本一直没有联络上我的两位姑奶奶，没想到就在我们上飞机的那天上午，我的表叔主动与报社联络，找到了张教授。原来是《燕赵晚报》大篇幅刊登了我的画作和回乡的消息，让我的表嫂在睡前偶然瞥见，这才联系上的。如此巧合，更让我们感到冥冥间似乎有着奇妙的安排，也让我们的寻根之旅显得更加有意义。

来到石家庄已有回家的感觉，瀚云德艺术会所盛情招待，也为我引荐了石家庄的政界和艺文界的人士，有许多都是来自赵县老家的，大家一口一个“老乡”，感觉好亲切！席间也见到多位博友，素未谋面的“老朋友”们欢聚一堂，特别愉快！

10月17日，终于走进那梦中的“老家”。当我们的车队进入赵县的版图，十辆车的大车队一路扬起了尘土，引起了乡亲们的关切，都围到村口观看，把路挤得水泄不通！有些人还爬上了屋顶，或是跃上墙头，女人们争相上前搀扶妈妈和我，热闹的程度和《红楼梦》里元妃省亲的光景恐怕也不相上下，脚都沾不到地，就被涌进屋里了！赵县宣传部何部长强调：这些乡亲们都是自发前来的！大家说起当年的周家，仍然津津乐道，有的说大半个赵县都是周家的，县上的百货店还进了县志，运银元都用骡马队。也有的说，当年多亏周家建了寨墙，才防了土匪的骚扰，给我们好深好深的感动！父祖们尽管当时富甲一方，却仍不忘建设乡里，保家卫民，或许就是这样的仁厚为怀，让我们这些从未来过老家的后人，能享受他们的德泽，受到乡亲们如此的厚爱吧！

当我们穿过冬麦田的黄土地，为曾祖父献上鲜花，心里有无限感慨！看到曾祖父当年胼手胝足立下的家业，至今仍未有太大的发展，身为周家后人，感到心酸，也更有使命感，“振兴祖业，让乡亲们有更好的生活”的念头也益发强烈！

常山初驻翠华旃，老幼瞻依夹道填。
饥食寒衣均在念，车尘马足共摩肩。
幸逢四海方无事，益初三时祝有年。
惭愧闾阎心爱戴，曾何德泽被民编。

这是参观赵州石桥时，看到了乾隆皇帝亲题的《三国赵州觅诗行》，这趟寻根之旅也给我这样的感动。就像我从事数位绘画一样，先人的智慧、德行与成就，需要一代一代以不变的初衷，善用新的资源和冲劲，努力传承，并发扬光大！

碧荷生幽泉
心怡
壬辰年 夏

■

外婆的澎湖湾——菊岛记趣

尽管我是在台湾出生长大，但对于菊岛（澎湖）的印象却得自歌词，还有儿时随爸妈旅游所仅存的依稀记忆。因此那次有机会受邀配合“澎湖海上花火节”的活动，来做一场名为《数位菊岛，浪漫天地》的演讲，感到十分雀跃，很想看一看澎湖除了阳光、沙滩、海浪、仙人掌以外，还有什么令人惊艳的相遇。

其实澎湖除了大海的天然资源以外，它还有着丰富的人文风采。根据考证，澎湖至少在五千年前已有先住民生活的足迹。连雅堂的《台湾通史》就提到，早在秦汉时代，楚国灭了越国，流落海外的越国人在澎湖岛上落脚。由于地理位置和生活习惯的影响，澎湖具备特有的文化内涵，从他们的建筑物就可以感受到。

我们一行人住在位于澎湖县白沙乡的“遇见”民宿，这是个人烟稀少的小村，倒是安静得让人有远离尘嚣的闲适。顺着民宿门前的小路往海边走，竟让我们发现一片古意盎然的老厝！民宿的主人阿布拉说，这个村子里只剩下三位老者，其余的居民都早已迁走。或许是澎湖那直率明朗的阳

敞心

光，尽管是一片断垣残壁，却没有阴冷的破败感，反而叫人幽幽怀古，无限诗意涌上心头。

村里建筑物的墙多半是用“硓咕石”砌成的，它其实就是一种珊瑚礁，黑白灰色的石头经过风雨的侵蚀，显出一种水墨画般的画意，墙脚下，偶尔一簇娇羞的天人菊，或是从门墙里窜出头来的仙人掌，还有小院里迎向阳光而绽放的向日葵，有着刚柔并济的和谐美感。

在澎湖要看老建筑，那可绝不能错过最具代表性的“二崁聚落”。陈姓的二崁村位于跨海大桥对岸的西屿乡，建于清咸丰、同治年间。向导说，这里原是种植药草、从事药材生意的村落，算是澎湖当年的“豪宅区”，因此每间屋子都显得尤其精美。

由于靠海生活的不易，澎湖人在精神上寄情于宗教，因此平均每一里就有两间庙宇。这也反映在他们的居住习惯上，大部分的宅舍也都还遵守传统禁忌，高度不超过村内唯一的庙宇“二兴宫”。这些大户人家的建筑材料大多是当地产的玄武岩，冬暖夏凉，又可以防止强风和酷日的侵蚀。每户都是合院的空间格局，高高的墙，也是为了抵挡强劲的东北季风。

澎湖的民宅还有个特色，就是有个小楼梯，可以通到屋顶的平台，在那里可以晒食物，是个很实用的空间。我发现澎湖的老厝特别喜欢用花窗，用砖或木材雕刻成美丽的图案。尤其是“双喜”的图案，几乎随处可见，让我好奇。向导告诉我们，这些花窗的窗棂也是有学问的：若是看到单数的窗棂，就知道那高墙里面是民宅；若是双数的窗棂，则是神鬼的居所，小心不要误闯。

二崁聚落里有几个非常有趣的小店，其中一个是褒歌馆。向导告诉我们，早期的澎湖，男人多半出海讨生活，留下家里的女人，孤独与无奈的万千情绪，都化成了一首首充满悲情的歌谣，流传了下来。在褒歌馆，可以看到一页页木板明信片，写着褒歌的歌词，在等待新主人，将它们寄给有情人。

还有出名的杏仁茶！二崁原是中药商群居之处，对于养生饮品当然特别讲究。这家杏仁茶，既细密，又香浓，口感清甜不腻。我则是被它店里精美的彩绘、雕花，还有老家具吸引得目不转睛。

离开二崁聚落，车子沿着背山面海的滨海公路缓缓而行，这一天因为台风来袭的缘故，风中有着难得的清凉。我一边眺望大海，一边顺着向导的手指看到了一片“大果叶”柱状玄武岩。柱状玄武岩其实是指熔岩流爆发后遇到海水快速冷却，凝固成六角形的岩石，气势磅礴，如同一面屏风，非常壮丽！除了欣赏这些景色之外，通常到一个地方旅游，美食也是了解当地自然、人文、历史和时尚最快、最直接的途径。四天三夜的澎湖之行，紧凑的工作之余，当然也少不了品尝美食。

不久前在台北排了好久的队才吃到海胆盖饭，当时就有人告诉我，到了澎湖，海胆多得可以炒蛋！令我好生向往！澎湖四面环海，以丰富的海鲜出名，小管、海胆、蚵……然而气候恶劣，土壤贫瘠，在澎湖，蔬菜水果可是异常地金贵！不过这样的天然条件却有利于各种瓜类的生长，因此澎湖有很甜美的棱角丝瓜、嘉宝瓜、哈密瓜、金瓜（南瓜）、西瓜……还有别具特色的仙人掌，都是澎湖美食的素材。

透过民宿主人的建议，我们到了“朝昔庐客栈古早味餐厅”，品尝当地的传统风味。车子停妥，走进“朝昔庐”，首先看到我的演讲海报，在外岛的一家餐厅里与自己不期而遇，有种特别的感觉。“朝昔庐”本身也是民宿，客房安排在楼上，各有风韵。楼下餐厅内部装饰颇有巧思，有许多早期古庙与古厝遗留下来的器具，将老物件儿生活化了，重新赋予了生命。品味着澎湖古早味的新鲜美食，聆听五六十年代的老歌曲，是多重的感官享受。

除了在空间设计上格外用心，在食品挑选上也是丝毫不可马虎的，老板是土生土长的澎湖人，开业九年以来把传承自妈妈的拿手菜搬上台面，吃得到澎湖最地道的家乡味、本帮菜。和我同行的几位，都是饕客，不但我自己是烹饪高手，还有电视美食节目的制作人，于是点菜的任务就交给专家来打理啦！其中几道特色菜，值得推荐给大家。

“石鳖花生汤”是我第一次尝试。石鳖是长在礁石上的贝类，同行的台湾相声艺术家宋少卿说，这种石鳖在同样是靠海的花莲也常看到，爱喝酒的原住民会将它用盐腌渍，当作下酒菜；而在澎湖，是把它与去膜的新鲜花生一起熬煮四五个小时，再勾上薄芡汁，乳白色的汤汁飘着浓浓的花生味，喝起来很像咸的花生汤，有海的气息。

我也终于如愿，吃到传说中的“海胆炒蛋”，色泽金黄的菜肴里，海胆和炒蛋已经难舍难分了，每一口，都充分品尝到海胆浓郁的鲜甜与细腻的口感，实在让人感到幸福！

来澎湖必点的“金瓜米粉”，满有渔家小家碧玉的平实与秀气，黄绿相间的南瓜，搭配鱼干的鲜香，炒得湿度恰好的米粉，吃在嘴里嚼劲十足，非常好吃！

澎湖还有一样特色美食，就是仙人掌冰。到那里的第三天，向导带我们利用工作的空档去逛逛，第一站就是去寻找知名的“易家仙人掌冰”。而在吃冰之前，我们先游览了附近的一个重要景点，也就是“通梁古榕”。

这株神奇的老榕树生长在澎湖白沙岛通梁村保安宫的前面，是澎湖最老、最大的神木，是澎湖精神的象征。相传三百多年前，有一厦门的商船遇大风浪沉没于通梁近海，船上不少物资漂流到通梁岸边，其中一株榕树苗为通梁郑姓人氏拾起，就将它栽植于保安宫前，没想到这株榕树像落土归根似的，繁茂生衍。又因为受到澎湖强劲的东北季风吹拂，树枝长到一定高度，便因风吹而横向生长，气根则自然垂到地面，再长成新干。现在的通梁古榕，有 97 条气根盘节错综，而 97 这个数字，正好与澎湖的村落数字相吻合，更增加了它的传奇色彩。树荫覆盖面积达到

660 坪的古榕树下，除了慕名而来的观光客，还有当地人在树阴底下午寐、下棋、喝茶、打发时间，写意！清闲！

看完了老榕树，我们驱车前往不远处的“易家仙人掌冰”，那是一个小摊子，却远近驰名，总有排队的人潮。澎湖的仙人掌是荷兰人在三百多年前引进的，如今是遍布全岛的植物，其中有一个品种，会开艳黄的花，红色的仙人掌浆果是可以食用的。

要采仙人掌果，可不是件简单的事：在仙人掌丛生的地方，用长长的不锈钢管加上钳子，深入布满密刺的仙人掌丛中，一颗颗剪下来。洗净之后，拔除果实外表的密刺，拨掉果皮，再剖开果肉，将其中的三角刺取出。过程颇为复杂。听说，有几个外地人采了果子，兴高采烈地品尝时，因不知道果肉中有倒刺而挂彩！

处理好的果肉，榨成仙人掌果汁，原汁加入糖水，用温火炖煮入味，以滤网过滤之后，放在阴凉的房间冷却，最后制成冰淇淋贩售，不含任何化学添加剂，不用防腐剂，是完全天然的夏日冰凉圣品。仙人掌冰的口感绵密，带点黏性，酸酸甜甜的。天然的深红色汁液会将嘴唇染得红红的，像擦了口红般的可爱！

菊岛无论是景色或美食，都给人回到大自然的感觉，就宛如澎湖的性格，朴实、热情、好客。难怪澎湖人的快乐指数是全台湾最高的，简单、知足，是天性，也是资产啊！

送你一把故乡的泥土

最近连续看了《闯关东》和《走西口》两部描述移民经历的连续剧，心里的感动特别强烈。因为那都是在久远的历史长河中，许多逃荒和谋求生计的祖先们，用血泪走出的人生故事，以及他们为追求理想、目标，勇敢开创新生活、打造新天地、追求幸福的漫漫长路。

我知道中国近代史上的三次移民潮就是“闯关东”“走西口”和“下南洋”。其中闯关东历经的时间最长，人数也最多。闯关东是以山东和河北人为主，目的地是东三省一带；走西口是以中原人为主，目的地是新疆及河西走廊一带；下南洋则是以广东和福建人为主，目的地是东南亚一带。

两部剧中的主题曲都很好听，歌词也很有神韵。特别是《走西口》这首山西民歌：

哥哥你走西口，小妹妹我实在难留。
手拉着哥哥的手，送哥送到大门口。
哥哥你出村口，小妹妹我有句话儿留。

走路走那大路口，人马多来解忧愁。
紧紧地拉着哥哥的袖，汪汪的泪水肚里流。
只恨妹妹我不能跟你一起走，只盼哥哥你早回家门口。

哥哥你走西口，小妹妹我苦在心头。
这一走要去多少时候，盼你也要白了头。
只盼哥哥你早回家门口，只盼哥哥你早回家门口。

移民，在每一个时代中都不少见，我的祖辈就是一九四九年之后，从大陆北方和南方到台湾地区的移民。如今我又成了移居美国的移民，不同的背景，产生不同的移民故事。台湾有首民歌《月琴》也很有代表性：

唱一段《思想起》，唱一段唐山谣，
走不尽的坎坷路，恰如祖先的步履。
抱一支老月琴，三两声不成调，
老歌手琴音犹在，独不见恒春的传奇。

落山风向海洋，感伤会消逝，
接续你的休止符，再唱一段唐山谣，
再唱一段《思想起》，再唱一段《思想起》。
（注：恒春是台湾最南端的乡镇，《思想起》是一首描述唐山过台湾的台语民谣）

移民也承载着很多人的梦想，有的成就，有的失落。

有一次在洛杉矶国际机场看到好几位穿着警服的移民官，押着一位年轻的女孩，要将她随机遣返。只见她奋力挣扎地大声用中文哭喊着：“我不要！我不要！……”让旁观的我很为她感到心酸，我想她一定也是有故事的……

每一个“移民”的心中都怀抱着一种追求的意念，但是无论选择到哪里作为自己奔向梦想的目标，都要经过努力不懈的奋斗，才能获致更好的理想生活。有句话说：树挪死，人挪活。其实任何挪移都有如连根拔起，需要有确切的目标和足够的勇气，以及对新环境的认识与适应力的预备。最难的还是那份对故土的依恋与感情的牵绊，因为移民的心是不会移动的，那是血脉，那是根源，生生世世。

在美国居住多年，我总会想起一首费玉清唱的歌《送你一把泥土》：

听说你要远渡重洋，到国外开创锦绣前程。
送你一把故乡的泥土，它代表我的叮咛和祝福。

今后无论你在何处，别忘了这把故乡泥土，
除了对我绵绵的思念，请坚守这块神圣的国土。

这把泥土，这把泥土，
春雷打过，野火烧过，
杜鹃花层层飘落过。

这把泥土，这把泥土，
祖先耕过，敌人踏过，
你我曾牵手走过。

就是这份牵手走过的日子魂牵梦萦，才让游子的心里总想唱一段《思想起》……

风过千山云掠影

云河

云河啊！我灵魂的家乡！
虽是五彩斑斓，却又那么静默安详。
任我飞翔舞动灿烂，
随我冥想天籁回荡。

云河啊！我牵挂的远方！
虽是千层万浪却又那么轻盈舒畅。
收集相思寄我情长，
写我浪漫托付他乡。

云河啊！
你是我灵魂的依恋！
你是我牵挂的天堂！

通往幸福回忆的天梯

台湾南投县竹山镇大鞍里有一座“天梯”，也是全世界第二座阶梯式的吊桥，全长136公尺、208阶，两端的落差有20公尺，是连接太极峡谷风景区两岸的必经之处。据说现在只要站在桥上，就能看见二十年前那场山崩灾难后留下的奇岩峭壁和瀑布奔流的峡谷风光，灾难中埋葬的故事无人记忆。这里已是台湾很受瞩目的观光景点，还被列为世界二十大奇景之一。

南投这地方对爸妈很有纪念性，他们当年是在那里相识的。那时候还没有这座吊桥，妈妈收到朋友传来这些图片时，还读到一个发生在大陆内地的另类“爱情天梯”的故事。

那是五十多年前，一个美丽的寡妇带着四个儿子和村里一位十九岁的青年突然失踪，应该是躲避世人的议论远走了，从此失去消息。五十年后，一支地质探险队在渝西一个“半山头”的峭壁上，惊讶地发现那里居然生活着一户人家，这一家子就是失踪了半个世纪的寡妇和青年。他们远离一切现代文明，在与世隔绝的深山里过着刀耕火种的原始生活。这五十年，男人为了心爱的女人有朝一日下山方便，在峭壁上硬生生的凿出了6000级台阶，他，叫刘国江；她，叫徐朝清，原来还是一个真实的故事呢！

读着故事，再看看南投这些没有关联的“天梯”图片，以及行走在桥上的游人们，是遇上一个下着雨、刮着风的日子吧，他们穿着雨衣或打着伞，脚踏在看似平坦却步步得吃力才能继续高升的阶梯上，单向往前。

一眼望去那云深不知处的遥远，虽在朦胧中却是有定意的目标，真是一幅行走在人生道路上的小缩影。

谁说不是呢？我们都是时间里的过客，每天披星载月地奔波在有时风雨有时晴的日子里，总是为着经历一趟有惊有险、有痴有梦的人生旅程。它是生命里的向往，是生活中的脚步，由下往上不断攀爬……这一路，每个人都有各自的选择、追寻、期待和坚持，像刘国江和徐朝清这一对为爱执着一生的夫妻，他们得到了属于他们自己轰轰烈烈里的平凡，也或者说是平凡里的轰轰烈烈。

只是不同的梯子有不同的高度，而看见的风景也不一样。

小时候不知天高地厚，总是想，站在木头凳子上伸直手臂就能碰到天。长大了就想着：若是能像小鸟一样在天上翱翔该有多自在啊！后来在万米之上的高空中飞行，能够有机会最近距离的看见升起的朝阳和天边的晚霞，却也美得让我惊慌。那白云的变幻和落日的苍茫，都提醒我宇宙的浩瀚和无穷。人太渺小了，这么有秩序的大自然一定有一位大能的主宰！一位创造者，他又岂是与人无关的呢？人又岂能漠视和他的关系呢？于是我的心里也有了一个天梯，那是通往认识神、敬重天的路，所以它是一条上行的路，是抬着头、望着天的路。只要我的脚步一直向高处迈进，我就看见辽阔的天，就能迎着阳光雨露、日月光华，充满希望和喜乐地活在每一个属天的日子里。

水之湄

梦里梦外

想问问你，想问问你，
可曾到过我的梦里？
为何感觉如此熟悉，
却这般迷离？

不是梦里！不是梦里！
那是虚幻和真实的交替，
还是时空将天地挪移？
让我好像失去了记忆！

何必想起？何必想起？
只要有相逢的欣喜
不在乎是否能够长久相依

宁愿——
就在梦里！就在梦里！
把所有的交会，
都归在缘来缘去里。

瓜瓞绵绵情不绝

一夜透雨洗净了一夏的暑气，清晨的露珠，像是沾满了颜料的水彩笔，悄悄地为秋天上了色。开车走过上班必经之路，赫然看到树梢的叶儿、田间的穗子和农家园里的瓜果，一片深深浅浅的金红橙黄，好一幅富饶丰收的图画啊！想起了田园诗人陶渊明的一首诗：

结庐在人境，而无车马喧。
问君何能尔？心远地自偏。
采菊东篱下，悠然见南山。
山气日夕佳，飞鸟相与还。
此中有真意，欲辩已忘言。

真是令人感到舒适的一份恬淡清雅！其实，身在异国他乡，这样的情境并不难得，尤其是南瓜成熟的时节，给美国人带来特别的情趣。随处可见各种各样的南瓜装饰品，其中以杰克南瓜——也就是南瓜灯，最是普遍。

我听过一个关于南瓜灯的传说，那是爱尔兰的民间故事。据说有一个

明月来相照

名叫杰克的酒鬼，有一天和撒旦喝酒，撒旦要求他请客，他没钱付账，于是说服撒旦变出了钱，杰克却仍然不去付账，反而设计将撒旦骗上树，又在树干上刻了一个十字架，让撒旦不敢下来，撒旦只好答应他一年都不来骚扰他。到了第二年，杰克就去世了，死后天堂不收他，因为他小气又不守信；地狱也不留他，因为他戏弄撒旦。

无处可归的杰克，只好不停地四处流荡，手里提着一个挖了许多洞的白萝卜，里面放着一小片炭火好引路。后来人们模仿他挖空大头菜或甜菜做灯笼，这习俗传到美国，发现一个更好的材料——南瓜，从此以后杰克灯就都用南瓜做了。这也是西方人过万圣节的由来。不过基督徒是不碰这个日子的，所以我不随俗装神弄鬼。

但是我记得小时候外婆曾对我说过一个有趣的习俗：古时候的未婚女子，遇到心仪的男士，就会向他投掷瓜、桃、李等果物，以引起他的注意。被投瓜果的男子，如果也中意她，便会解下腰间的佩玉回赠作为定情物，后来还衍生出抛莲子、抛荷包等多种不同的形式。

在美国，没有“投瓜”“掷果”的习俗，邻里之间却常常用瓜果做成食物互相分送，联络感情。秋天一到，走在小区里，时时能嗅到甜甜的糕饼香，家家都在烘焙南瓜派！那香气就是美国秋天的象征，因为秋天，是美国人感恩和团圆的季节，烤得温热甜美的南瓜派就是“家”的味道啊！

我就喜欢在餐桌上摆放几个南瓜，它那浑圆澄黄的可爱外型，甚是讨喜！在台湾，南瓜有个可爱的别名叫“金瓜”，不只因为它颜色澄黄如金，更因为它营养价值高！从花、叶，到果肉、种籽，全身是宝！《本草纲目》中就提到南瓜补中益气，男女老少都适宜；现代的营养学家发现南瓜富含维生素 A、B 及钙、钾、铬等微量元素，可以预防感冒、美肤，对胃和肺都好；而且富含纤维素，却不会像地瓜或土豆容易胀气，所以妈妈常用南瓜做菜。她说，南瓜耐炖煮，营养却不因久煮而流失，料理起来很省事，变化也很多，中式、西式都可口！只是南瓜肉质虽然松软，外皮可是硬得像钢盔一样！不过我妈妈倒有一个妙招，让你轻松切南瓜，就是先烧一锅水，然后将整个瓜放在热水里闷一下，皮会自然变软，也就好切了！

我家的餐桌上常常有一道台湾的名菜——金瓜炒米粉。将南瓜刨成细丝，加上肉丝、高丽菜丝、开阳等鲜味佐料和米粉一起拌炒。一道简单的小吃，却包含了妈妈对我们的爱，让我们吃得健康，也让我们在古早味中，回味美丽的故乡、故人，还有收藏在岁月中那许许多多令人怀念的瓜果情。

第柒章

美国，welcome！

在美国游“苏州园林”

没到过苏州，倒是在吟咏诗词歌赋时，遥想着那笼着淡淡寒烟的温柔乡、脂粉地。在我的想象中，她总是如梦亦如幻，浮浮沉沉，在黑与白的诉说中，展现着悠远的岁月。一条千年的老街蜿蜒曲折地缓缓向前，好像望不到尽头，那是一个相遇与错过的故事，缠绵而幽怨。

相遇与错过在我的脑海里翻腾，它们就像两个最先落笔画下的，在弯曲的线条中碰撞、闪躲、交错、远离……百年，千年，交织成多少锥心的忧伤，才化成了如此清澈的流水，幽幽地流淌，像一声声沉沉的叹息。我仿佛进入时光隧道，幻化成江南女子，作一回溪边浣纱的西施吧，扮一次撑着油纸伞、低头漫步的丁香女。或者像手执桃花扇的李香君呢，还是荷锄挎篮、哀哀怨怨葬花的林黛玉？其实我们都曾多次在梦里相遇呢！

终于，我在洛杉矶游访了苏州园林之流芳园，让我无边的幻想有了降落的点。流芳园是加州第一座、也是目前美国最大的中国古典式苏州园林，位于南加州的亨廷顿图书馆内。亨廷顿图书馆不但包含有图书馆，还有艺术馆和植物园，收集了珍奇图书、手稿、艺术品以及植物、园林艺术等等，

青云秀峰
心怡
壬辰年 夏

共同成为一体，由美国著名的“铁路大王”亨利 · 亨廷顿于 1919 年创建。

20 世纪 90 年代亨庭顿图书馆启动了中国园计划，先后共筹款约 2700 万美元，历时 10 年，现占地 3.5 公顷，今后还将扩建达到 12 公顷。前后从中国运来 100 多个集装箱的建筑材料，光是太湖石就多达 850 吨，许多热心的华人都极力促成这件美事。

在最关键的园林建设阶段，又动用了 50 多名苏州园林设计师和工程师，终于成就了今天这座位于洛杉矶东部、2008 年 2 月 23 日才正式开放的流芳园。

流芳园这名称是来自曹植《洛神赋》中的诗句“步蘅薄而流芳”。它按照苏州古典园林的设计，园内草木苍翠，花香四溢，精致优美的建筑与周围自然环境共同构成充满诗情画意的迷人景观，有水榭、亭台、拱桥、漏窗、长廊、怪石、假山……中国园林布局讲究“移步换景”的原则，当游客沿着园中小径在亭台楼阁间漫步时，每到一个角落都能看到新的景致。人们给这些景观也都起了富有诗意的名字，如玉茗堂、爱莲榭、赏鱼桥、落燕洲等。

看那闪着金光的水（象征恒变）和自然天成的石（象征恒定），为流芳园营造了和谐与对比的感觉，呈现自然中阴与阳的平衡。当湖塘中的水映照出光影和浮云的变化时，更丰富了视觉的层面。

那不同季节的植物、花卉，又反应了不同的文学意象，例如郁郁葱葱的竹林就给了我一种文人雅士所树立的高风亮节形象，以及电影《卧虎藏龙》里侠士的那股子飒爽神气，让人也仿佛于朦胧中，见到远方似有飘然而至的美女，置身于林间溪旁，弹奏着如同雨打树叶般的峥峥琴音，来回于青山低谷，穿越过古往今来。这情境还真让人物我两忘，不知今夕是何年，又在何处呢。

我还没去过真正的苏州，但听过“上有天堂，下有苏杭”的美好描绘，但愿这海外神游也能为你多一份兴致，看看在异国他乡所呈现的故土风貌，让我也一解对祖国山河的向往之情吧！

看名驹“美甲”

住在牛仔的故乡美国加州，你可以选择拥有一个玫瑰花园，也可以选择养两匹马，所花费的金钱与心力相仿，但乐趣却大不相同。马是加州人家常有的宠物，骑马是很普遍的休闲爱好，也到处都有养马的设施和场地。

我的老师，台湾金马奖影帝王冠雄爱马也养马，他养的三匹俊马都大有来头。我常常听老师聊起“爱马经”，对马儿这样有灵性的动物有了些了解。老师知道我的好奇心，家里的三匹爱马要修蹄时就通知我，让我这个城市乡巴佬来开开眼，看看马儿如何“做指甲”。

工作一大早就开始了，负责为马儿修蹄、换蹄的师傅是位满脸风霜却透着斯文的男士，名叫麦可卡森。他的正职是加州一所大学的教授，对于动物的习性了若指掌，我一下车，立刻被他那熟练利落的动作所吸引。而我一走近，老师的银白色骏马 Shai 也不停友善地舔着我的手臂，向我打招呼。王老师家的三匹阿拉伯马，每一匹都灵气逼人。这匹银白色的马儿，身材修长俊逸，眼神中透着王子般梦幻的忧郁。它受过严格的训练，性格稳定，当麦可在为它修蹄时，总是乖乖地让人替它服务。

而另一匹是王老师的爱驹 Devil，英姿焕发，身材高大矫健，四支脚上罕有的白袜，象征了它的尊贵；还有额头上的一抹白，王老师说那叫“乌云盖雪”，眼神中充满灵气，仿佛能通人性。它曾是六次马术比赛的冠军，不论抬头、提腿还有奔驰的模样，无不散发贵族气息，说它是马中之龙一点也不为过，在老师的眼里更是个无价之宝。

还有一匹 Karizma Faaris 是阿拉伯种马，身材精壮，毛色黝黑中透着蓝光，像一个神秘的武士，浑身野性，连深谙马性的老师都要留心。但老师的三匹马儿似乎都通晓人性，认识自己心爱的主人。

等到三匹马儿蹄子都修剪漂亮，又换上了新的“鞋子”时，老师让麦可把换下的马蹄铁送给我。根据爱尔兰的传说，换下来的马蹄铁是幸运物。据说在贫穷的年代，许多贫困的孩子将马蹄铁带回家，两只脚朝上，钉在床头，到了夜晚，善良的小精灵会带了黄金，挂在马蹄铁的脚上，于是它就成为幸运的符号。我也要把这带着祝福的礼物收藏起来，愿它也能为我带来好运。

美国人对宠物极其爱护。2012 年 3 月公布的统计显示，美国人在饲养宠物上的花费创历史新高，美国宠物用品协会统计金额达 509.6 亿美元！其中食物和医疗费占 65%，宠物美容、饭店寄宿等费用的比率成长最大。

在拉斯维加斯环游“世界”

一到拉斯维加斯，我就想起了《一千零一夜》，因为它就像是神灯故事里的巨人，用魔毯把世界的奇景来了个大搬风，全都搬到这个沙漠里的绿洲来了！这个面积340平方公里的城市犹如万花筒般，一不留神，就变幻了风采，短短不到72小时的时间，我游览了“巴黎风光”，绕过“纽约街头”，造访了“埃及金字塔”，也流连在“威尼斯水乡”……不知不觉间，似乎已环游了世界。

这里的每一家酒店都有一个鲜明的主题，而业者会就着主题，尽其所能地发挥。这次我特别花时间在凯撒宫、威尼斯人和贝拉吉奥等酒店，体会意大利风情。漫步在古色古香的雕梁画栋间，感受着诗情画意的水上情调，脑海里浮现出凯撒大帝与埃及艳后的一段情史，还有罗密欧与朱丽叶的凄美恋情……

而每年来自世界各地的游客，更让这个城市呈现多彩多姿的风貌。比如这里的各国美食佳肴，还有各种大型的表演节目，都是集各地的精华！就以美食来说，这一次我们品尝了非常多的美味，特别是新鲜的日本料理。

一江明月一江秋

厨师说，他们餐厅用的黑鲔鱼和帝王蟹，从捕捞到吃进饕客的嘴里，时间不能超过 48 小时，所以都是从产地用最快速度空运过来的，几乎和产地零时差！许多世界知名的大厨也都争相在这个城市开设餐厅，“美食联合国”的称号真是名不虚传！

拉斯维加斯也是各国顶尖艺人梦想演出的舞台，每一场秀都是精心设计，也吸引着无数粉丝涌入这里来一睹明星的风采。圣诞夜我们在凯撒宫欣赏了韩国歌星 Rain 的演唱会，两场表演，一万张 98 ～ 288 美元的入场券全数卖出！满场都是韩国、日本、中国歌迷挥舞着荧光棒，场面甚是壮观！

这次在拉斯维加斯还有一个发现，就是华人游客大增，不论走到哪里，都能听到熟悉的乡音，看到黑发黄皮肤的亲切面孔。也难怪各家酒店都把中国餐馆开在一楼最醒目的位置，看来华人旅客的实力惊人呀！

这短短 72 小时在拉斯维加斯的环游“世界”之旅虽很短暂，但也随着时光的流失走入了记忆之中。祝愿那充满活力的一面能激励自己耕耘还待开垦的荒漠，成就生命中智慧的光芒。

美国人如何看待宠物

一直不愿再去想那天在网上看到的几张图片：一个个铁笼子里，塞满了极度拥挤的猫咪。我感觉得到猫儿们那几乎要窒息的痛苦，仿佛二战时期被关在集中营里的犹太人，在希特勒式的狰狞面目中，作垂死前的哀求和无望的挣扎。

昨天美国这边的电视新闻报道了一则感人的“猫事件”，土耳其的两只流浪猫，一只被汽车压伤了，另一只用自己的前脚在同伴的身上不停地来回按压，就像在给它做心脏急救，连续几个小时不停止，直到受伤的同伴死去。这只活着的猫哀伤地倒下，在死去的同伴怀中哀鸣，久久不肯离去。

两个画面让我难过得久久不能平息，我的笔写不出心里那份深深的痛。猫侣间的生死之交让我想起元好问《雁丘词》“问世间情为何物，直教生死相许”的感动，那些虐待动物的人也只能用白居易在《慈乌夜啼》中的感叹“嗟哉斯徒辈，其心不如禽”来比拟啊！

人和动物都是自然界的一部分，因为在造物主的面前，都是受造的。从人类自身发展并利用自然的角度来讲，应该保护动物。一方面，要考

虑整个生态系统的持续发展，另一方面平等地对待动物，才是人类文明的表现。

美国人一般都喜欢有宠物为伴，这是有原因的。研究人员发现，和动物为伍能够降低人的血压。任何种类及大小的宠物都能带给人们相伴与爱的感觉。很多时候，拥有一只宠物也成为培养孩童爱心的学习课题，或可以帮助年轻夫妻做为人父母前的准备，甚至是解决老人孤单的方法。其实这些都表达着美国人的一种基本信念，就是：宠物有受到妥善对待的权利。

美国至少有 75 个动物福利组织，他们为流浪动物及被虐待动物提供照顾与领养的服务，社会上有许多的兽医能提供给动物极好的医疗照顾。若为了享受更先进的健康医疗照顾，人们还可以为他们的宠物买健康保险。如果和宠物道别的时机到了，主人们可以选择为他们安乐死，并为宠物买一块墓地，细心地埋葬。

在美国，猫狗们所过的生活都很周全，很多杂货店都设有宠物美食专柜，让主人可以为他们的宠物准备食物，其中很多是有机的绿色猫狗粮，主人们宁可多花额外的价钱，也要让宠物吃得健康。

在德州的休斯敦市，狗儿还能享用专程送到家的晚餐，就跟人们想定自己吃的披萨一样。家境富裕的狗儿在主人上班的时候可以去动物托育中心。宠物甚至可以和它们的主人一同去度假，高级饭店已经开始可以同时留宿人和宠物，例如在四季饭店，这些毛茸茸的客人就可以享用以精致瓷器盛装的美食，并在柔软的床上睡觉。

虽然这种特殊的待遇并非必需，但也由此看出他们对待动物的平等之心。或许我们不是人人都有兴趣或余力去饲养宠物，但如果你养了，就要善始善终，别随便丢弃，更别轻易残害啊！

我有一只和我一起生活的猫咪名叫佑佑，是我唯一养育过的动物。多年来我总会想起第一眼看见佑佑时的情景，那时它才出生不久，是和另一只同龄、同种的小猫关在一起。当猫店主人让我挑选时，小小身躯的佑佑奋力地把前爪伸出栏外，两只大眼睛看着我，对我咪咪地叫，我就被它打动了。

当时家人已经定居美国，我在台湾电视台的新闻工作很忙，每每回到一个人独居的家里，开门时的那份冷清，都被眯着惺忪睡眼来迎接我的佑佑驱散了。不久我被亲情呼唤离开台湾时，就是舍不得将佑佑送人，不厌其烦地带着它通过各种繁杂的行前检疫，给它买了机票，陪它经历十多小时被关在笼子里的难受与不安，飘洋过海来到美国定居。

前年回台湾，我还回了趟佑佑的“娘家”，询问当初和佑佑在一起的“同胞”下落，猫店主人也回答不出来。想想，真也是猫各有命啊！很希望它和佑佑一样有个爱它的主人，过得幸福；更希望“爱护动物，做动物朋友”的理念，能够成为大众普遍关注的课题。

美国父母如何教导孩子理财

曾经从美国脱口秀女王欧普拉的电视节目中，听到专家们谈论如何教导孩子从小懂得理财的方法。我觉得这是一个很有意思的话题，因为在我们一般中国人的观念中，会觉得孩子们只要好好学习，把课业做好就行了，赚钱是大人们的事，即使家境困难，不到不得已，也舍不得让孩子打工，不愿让他们吃苦受罪，认为万事莫如读书急。

有人说，穷人能因书而富，富人又因书而贵，因此孩子在成长求学时期，只要有任何的需要或物质欲望，父母们都会全身心地为了孩子一力承担，且尽量地满足孩子，只希望孩子能按部就班顺利地完成学业，平安健康地长大成人。

美国的家庭则不论贫富，总是让孩子在不同阶段的生活中学习独立，并养成用劳力换取所得的观念，所以他们的孩子很习惯打工：小至在家洗碗、扫地，或帮邻居做临时保姆……都是可以赚钱的活儿，学校也会让学生在一些特别的活动中学习出去募款，例如每年的感恩节、童子军筹募经费日……我经常会遇到拿着手工饼干或慈善餐券到住宅区按门铃兜售的小朋友。

我们教会每年暑假也会组织短宣队，让年轻的学生们自动参加，前往墨西哥帮助当地的居民盖房子，或是到台湾教夏令营的小朋友学英文，同时传讲福音。但是一切费用都要他们自己设法去筹募，因此，他们会举办说明会、义卖或替教会的家长们洗车等来筹款。我曾问过他们的父母为什么不直接供应孩子需要的费用，不是在做善事吗？他们告诉我，这种用劳动去实现目的的经验，会让他们很有成就感，也会从赚钱不易的体会中，懂得更加珍惜劳动所得的回报，每花一分钱，都会多一些思考，会更懂得把金钱运用在值得的地方，这对他们一生的金钱观，有很正面的帮助。

一般的美国人对钱没有“铜臭”的思想，美国每年大约有三百万中小学生在外打工，美国的父母认为凭劳动获得收入是一项生活教育，即使出生在富有的家庭里，也不能有坐享其成的观念，应该有勤奋工作的意愿和自我要求的责任感。他们鼓励孩子从小就工作挣钱，教导小孩通过正当的手段赚取收入，并且学习如何理财。因此家长们会在各个阶段因材施教，从三岁到高中毕业，从能够辨认硬币和纸币开始，到会数算钱币，进而懂得比较价格，执行短期的开销计划，学习储蓄，尝试投资活动以及从事商务打工等赚钱。

美国“钢铁大王”卡内基小的时候家境贫苦，家中养了一窝小兔子，却没有钱买饲料，于是，卡内基灵机一动，把邻居小朋友都召集来玩。小朋友们对兔宝宝爱不释手，争着要给小兔子取名字。聪明的卡内基说：这样吧，如果谁能给小兔子找到东西吃，我就把小兔子取哪个人的名字。果然，一个暑假，小朋友们都兴高采烈地为兔子找食物，他不花一分钱，就把每一只兔子喂得胖嘟嘟的。看来卡内基从小就很有商业头脑，懂得运用人力资源啊！

孩子们是充满好奇的，特别是在玩具店里，琳琅满目的新奇玩意儿，真是让人难以抗拒。当孩子向你投以渴望的眼神时，父母亲不必说“不买，太贵了！家里已经有好几个了！”来制止孩子的欲望。专家建议，这时候可以把玩具从架子上拿下来，告诉孩子这样东西的价钱是多少，再问问他

墨荷

打算怎么得到它，然后帮着他一起计划怎么存钱来购买。这样可以让孩子学着量力而为，有计划地消费，并且懂得珍惜得来不易的东西。

美国的父母也会给孩子们发零用钱，给的时候，父母们会同时发给孩子几个信封，陪着孩子一起计划零用钱能有些什么用途，比如：10% 用来储蓄，10% 用来买玩具，10% 用来从事慈善活动……然后教导孩子按照这个比例，把零用钱放进信封里。这种方法，可以让孩子养成预算的观念，学习有节度、有计划地使用金钱。

教导孩子正确的理财观念，不只是教他们怎么“得到”财富，更应该教他们如何“给予”，让金钱的功能不只是满足欲望，而有更大的意义，成为他人的助手。

美国父母让孩子从小养成奉献的习惯，把零用钱中一定的比例，存做慈善用途。当金额达到一定数量之后，家长们可以带着孩子，让他们亲自体会“给予”的感受，并且让他们知道，这些捐款用在什么地方、帮助了多少人、发挥了多大的效果，真正体会到“施比受更有福”的快乐。

学习理财以及正确的使用钱财，让孩子们做钱财的主人和好管家，比替孩子赚钱、让他们享受财产更为重要。因为正确的金钱观影响人的价值观，有儿女的父母们真是任重道远啊！

美国富人的慈善观

一份邀请卡，来自麦考尼汽车儿童基金博物馆。我仔细读过内容之后，知道是一个常态性的慈善活动，以古董名车的展示，为儿童筹募善款。我喜欢欣赏所有的线条美，汽车就是其中之一，尤其是顶级名车及有历史的古董。何况在美国，这类博物馆很多都是回馈社会的捐赠，更让人觉得有意义。

果然，这个汽车博物馆是由一位迪克 · 麦考尼先生于 1994 年成立的。麦考尼和他的妻子在 20 世纪 50 年代移居加州，当时他们以仅有的 500 美元开始创业，成就了世界上最大的维生素和保健食品公司—— Herbalife。

麦考尼的经营哲学是：认真学习（Learn）、努力赚钱（Earn）、全心回馈（Return）。他不但是个业余的赛车手，也是个汽车收藏家，多年来他收藏了七十多部车，包括兰博基尼、保时捷、法拉利、宾利、劳斯莱斯等，拥有价值超过三千万美金的顶级车款。

然而，这位事业成功的商人却有一个伟大的心愿，就是帮助人们活得更健康、更有希望，特别是对孩子们。于是他在 1994 年成立了这座非营利

的汽车博物馆和儿童基金会，将他的爱车全数捐赠出来，借着举办各种相关的活动，为儿童筹募基金。

因为麦考尼本身是业余赛车手，也举办赛车活动，所以除了宾利和劳斯莱斯，展示厅里还有好多特别的赛车和重型摩托车，让人不禁联想到它们当年的风光。如今它们功成身未退，就像它们的主人，怀抱着“取之于社会，用之于社会”的胸襟，让生命继续发光发热，这也是美国企业界普遍的现象，真是值得钦佩与学习！

美国的富人为何这么热衷慈善事业呢？或许是移民精神和信仰所建立的价值观，美国人并不景仰富人，但景仰对社会有所回馈的富人。根据印第安纳大学慈善研究中心的调查统计数据，2005 年美国年收入 20 万美元以上、财产在 100

万美元以上高收入家庭的捐款比例高达98%。过去40年来，美国人的年均慈善捐款占到了美国国内生产总值（GDP）的1.8%，全美有超过89%的普通家庭在为约100万个慈善机构提供各种形式的捐助，这是一个名副其实的“全民运动”。

而政策也鼓励了人们乐于行善，美国是世界上少数可以将捐款抵税的国家之一，即便是捐了旧衣服都可以要求减税。政界人物参加竞选时，媒体也经常根据候选人的保税单上的慈善捐款减税数额，判断他们是否热衷公益事业。此外，美国私人慈善机构的透明化和媒体无处不在的监督把关，使这些慈善捐款可以送达真正有需要的人手中。

比尔·盖茨说：取之于人者多，也该多多付出，千金散尽，心留满足。“千金散尽，心留满足”短短八个字，却给世人带来振聋发聩的震撼！迪克·麦考尼、比尔·盖茨、沃伦·巴菲特以及无数家财万贯的富豪，不约而同地决定将慈善作为他们数百亿财富的最终归属，选择捐赠对象时也将疆界拓展到解决全球性的问题，如整个人类社会所迫切需要解决的环境、卫生、教育问题，而不是遗留给自己的子女。这些为富仁慈的富豪们，摈弃了肥水不流外人田、自扫门前雪的狭隘思想，让财富真正发挥了超越享乐的价值，这需要多么宽宏的胸襟、魄力和道德远见！